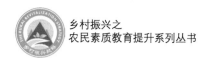

乡村振兴之
农民素质教育提升系列丛书

YU FANGZHI CAISE TUPU

NIU BING ZHEN DUAN

牛病诊断与

防治彩色图谱

◎ 周国乔 徐 健 主编

中国农业科学技术出版社

图书在版编目（CIP）数据

牛病诊断与防治彩色图谱/周国乔，徐健主编.—北京：
中国农业科学技术出版社，2019.7
乡村振兴之农民素质教育提升系列丛书
ISBN 978-7-5116-4118-2

Ⅰ.①牛… Ⅱ.①周… ②徐… Ⅲ.①牛病—诊断—图谱
②牛病—防治—图谱 Ⅳ.①S858.23-64

中国版本图书馆 CIP 数据核字（2019）第 060557 号

责任编辑　徐　毅
责任校对　李向荣

出 版 者　中国农业科学技术出版社
　　　　　北京市中关村南大街12号　　　邮编：100081
电　　话　（010）82106631（编辑室）　（010）82109702（发行部）
　　　　　（010）82109709（读者服务部）
传　　真　（010）82106631
网　　址　http：// www.CASTP.cn
经 销 者　全国各地新华书店
印 刷 者　北京建宏印刷有限公司
开　　本　880mm×1 230mm　1/32
印　　张　3.75
字　　数　110千字
版　　次　2019年7月第1版　　2020年7月第3次印刷
定　　价　30.00元

《牛病诊断与防治彩色图谱》

编委会

主　编　周国乔　徐　健

副主编　徐　波　刘贵巧

　　　　张艳舫

编　委　谢　峰　刘立杰

　　　　杨玉英

近年来，中国畜禽养殖业发展迅速，肉蛋奶等主要畜产品产量稳步增加，对提高人民生活水平发挥着越来越重要的作用。与此同时，畜禽疾病的发生日益严重。畜禽疾病种类不仅复杂多样，并呈现混合感染和多重感染等特点，已成为阻碍我国畜禽业发展的重要威胁。积极预防和有针对性地开展治疗，从而降低疾病的发生率，是我国畜禽养殖业健康、稳定、持续发展的迫切需要。为了帮助畜禽养殖者在实际生产中对疾病作出快速、准确的诊断，编者在吸取以往疾病诊治经验的基础上，结合当前的疾病情况，组织编写了一套《畜禽疾病诊治彩色图谱》。

本书为《牛病诊断与防治彩色图谱》，从牛的传染性病、牛的寄生虫病、牛的普通病、牛的中毒病4类中，选取了51种常见病。每种疾病，以文字结合彩色图片的方式，直观展示了该病的临床症状和病理变化，并提出了诊断和防治方法。该书语言通俗、篇幅适中、图片清晰、科学实用，可供养牛户、基层畜牧工作者等人员参考学习。

需要注意的是，本书所用药物及其使用剂量仅供读者参考，不可照搬。在生产实际中，所用药物学名、常用名和实际商品名称有差异，药物浓度也有所不同，建议读者在使用每一种药物之前，参阅产品说明以确认药物用量、用药方法、用药时间及禁忌等。

由于编写时间和水平有限，书中难免存在不足之处，欢迎广大读者批评指正！

编　者

2019年2月

CONTENTS 目 录

第一章
牛的传染性病

一、牛炭疽

本病是由炭疽杆菌所引起的人畜共患的一种急性败血性传染病。自然情况下马、牛、羊等反刍动物最易感染，猪、犬、猫等易感性低。

（一）临床症状

急性型最为多见。病牛体温升高至41～42℃，被毛粗乱，食欲、反刍减退或停止。腹部膨大，拉稀带血。呼吸困难，瞳孔散大，黏膜呈暗紫色，眼睑黏膜水肿，有时有出血斑点。颈、胸部水肿。有时兴奋不安，回头视腹（脾部），或表现惊慌吼叫，乱冲乱撞，随后沉郁，呼吸极度困难，肌肉震颤，体温下降、痉挛而死。病程1～2日。

亚急性型症状与急性型相似但较轻，发展较缓慢。颈、胸、腹及阴部等处常水肿，局部温度增高，坚硬呈面团状，皮肤无变化。有时舌头肿大呈紫红色，有时出现咽炎和喉头水肿，导致呼吸困难。若发生肠炭疽时，则出现肛门努责，水肿，排粪困难，粪便带有煤焦油样的血液。病程2～5天或更长时间。病死畜尸僵不全，天然孔流血，血液凝固不良。疑似时，应采耳血镜检或采耳尖血做炭疽血清沉淀反应（图1-1、图1-2）。

图1-1　兴奋不安

图1-2　呼吸困难

（二）病理变化

最急性病例除脾脏、淋巴结有轻度肿胀外，其他无肉眼可见病变。急性病例呈败血症病变，特别是脾脏显著肿大，脾髓呈黑红色，软化如泥状或糊状。淋巴结肿大，胃肠道呈出血性坏死性炎症。死于败血症的牛，尸僵不全，尸体极易腐败，瘤胃臌胀，天然孔出血，血液凝固不良。牛局部炭疽少见，一般在咽部、肠系膜淋巴结可见出血、肿胀、坏死（图1-3、图1-4）。

（三）防治方法

（1）发现疫情立即上报，封锁疫区。尸体严禁解剖，应焚化。污染栏舍、场地等用20%漂白粉或10%烧碱液彻底消毒。可疑病畜严格隔离治疗。疫区每年春秋季注射无毒炭疽芽孢。

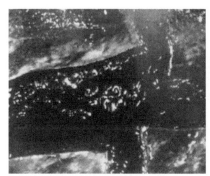
图1-3　脾髓呈黑红色

图1-4　小肠淋巴结出血、肿胀

（2）初用抗炭疽血清治疗效果良好，牛1次用量100～300mL静脉注射，体温不降时隔12～24小时可重复用。免疫血清200mL与青霉素每千克体重1万～2万单位同时并用，效果更好。此外，四环素或土霉素每次每千克体重15～25mg肌内注射或静脉注射，也有良好的治疗效果。

二、牛口蹄疫

（一）临床症状

口蹄疫俗名"口疮""蹄癀""五号病"，是由口蹄疫病毒引起的一种急性、热性、高度接触性传染病。临床上以口腔黏膜、蹄和乳房皮肤发生水疱和溃烂为特征。

牛的潜伏期2～7天，可见体温升高40～41℃，流涎，很快就在唇内、齿龈、舌面、颊部黏膜、蹄趾间及蹄冠部柔软皮肤以及乳房皮肤上出现水疱，水疱破裂后形成红色烂斑，之后糜烂逐渐愈合，也可能发生溃疡，愈合后形成斑痕。病畜大量流涎，少食或拒食；蹄部疼痛造成跛行甚至蹄壳脱落（图1-5至图1-8）。

图1-5 流涎严重

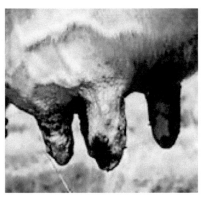

图1-6 乳头坏疽

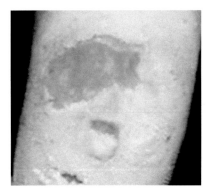

图1-7 舌面上的水疱破裂

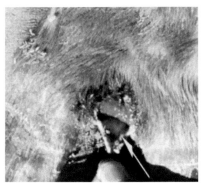

图1-8 趾间、蹄部红色烂斑

（二）病理变化

除口腔和蹄部病变外，还可见到食道和瘤胃黏膜有水疱和烂斑；胃肠有出血性炎症；肺呈浆液性浸润；心包内有大量混浊而黏稠的液体。恶性口蹄疫可在心肌切面上见到灰白色或淡黄色条纹与正常心肌相伴而行，如同虎皮状斑纹，俗称"虎斑心"（图1-9、图1-10）。

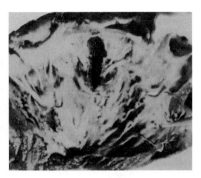

图1-9　瘤胃黏膜上有烂斑　　　　　图1-10　虎斑心

（三）防治方法

1. 预防

（1）定期进行预防接种（免疫参考程序）。

①种公牛、后备牛：每年注苗2次，每间隔6个月免疫1次。肌内注射高效苗5mL。

②生产母牛：分娩前3个月肌内注射高效苗5mL。

③犊牛：出生后4~5个月首次免疫，肌内注射高效苗5mL。首次免疫后6个月二次免疫，方法、剂量同首次免疫，以后每间隔6个月接种1次，肌内注射高效苗5mL。

（2）定期消毒。每月对畜舍、运动场和用具用2%~4%氢氧化钠溶液、10%石灰乳、0.2%~0.5%过氧乙酸等喷洒消毒。

（3）对粪便进行堆积发酵处理。

2. 治疗

（1）口蹄疫发生后，应迅速报告疫情，划定疫点、疫区，按照"早、快、严、小"的原则，及时严格封锁，疫区内病畜及同群易感畜应扑杀并进行焚烧，同时，对病畜合及污染的场所和用具等彻底消毒。

（2）对受威胁区内的健康易感畜进行紧急接种，所用疫苗必须与当地流行口蹄疫的病毒型、亚型相同。以便在受威胁区的周围建立免疫带以防疫情扩散。在最后一头病畜痊愈或屠宰后14天内，未出现新的病例，经大消毒后可解除封锁。

（3）对疫区粪便进行堆积发酵处理，或用5%氨水消毒；畜舍、运动场和用具用2%～4%氢氧化钠溶液、10%石灰乳、0.2%～0.5%过氧乙酸等喷洒消毒，毛、皮可用环氧乙烷或福尔马林熏蒸消毒。

三、牛流行热

牛流行热又称"牛三日热"，是病毒通过昆虫叮咬引起的牛的一种急性、热性传染病，其发病季节与昆虫活动季节一致。

（一）临床症状

潜伏期一般为3～7天。病初恶寒颤栗，体温升高达40℃以上，持续2～3天，体温下降，恢复正常。体温升高的同时，病牛流泪，眼睑、结膜充血、水肿，呼吸促迫。食欲废绝，反刍停止，瘤胃蠕动停止，呈现

图1-11　站立困难

膨胀。粪便干燥，有时下痢。四肢关节水肿、疼痛、跛行，不敢走动，站立困难。皮温不整，特别是角根、耳、肢端有冷感。另外，流鼻涕，口腔发炎、流涎，口角有泡沫，尿少浑浊（图1-11至图1-13）。

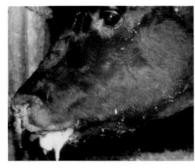

图1-12　口流多量泡沫状黏液

图1-13　鼻腔分泌物流出

（二）病理变化

急性死亡多因窒息所致。剖检可见气管和支气管黏膜充血和点状出血，黏膜肿胀，气管内充满大量泡沫黏液。肺显著肿大，有程度不同的水肿和间质气肿，压之有捻发音。全身淋巴结充血，肿胀或出血。直胃、小肠和盲肠黏膜呈卡他性炎和出血。其他实质脏器可见混浊肿胀（图1-14、图1-15）。

图1-14　气管内充满大量泡沫黏液

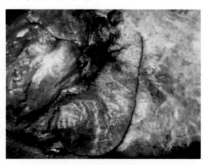

图1-15　肺显著肿大

（三）防治方法

1. 预防

采取扑灭吸血昆虫和一般的综合性防疫措施。病牛隔离，转移放牧地，防止昆虫叮咬。

2. 治疗

尚无特效治法，主要采取解热镇痛、强心补液等对症治疗。

四、牛结核病

牛结核病是由牛型结核分枝杆菌引起的一种人兽共患的慢性传染病。病畜是本病的主要传染来源，常因病畜的粪便、乳汁及气管分泌物等排出结核杆菌，污染周围环境而散播传染。主要通过被污染的空气，经呼吸道感染，或者通过被污染的饲料、饮水和乳汁，经消化道感染。有时可经胎盘或生殖器感染。经皮肤创伤感染者极少见。

（一）临床症状

该病潜伏期2周到数月，甚至长达数年。通常取慢性经过，病初症状不明显，患病较久，症状逐渐显露，由于患病器官不同，症状也不一致。常见有肺结核、乳房结核、淋巴结核、肠结核，生殖器结核和脑结核。

1. 肺结核

肺结核以长期顽固的干咳为特点，并渐变为湿咳，特别在早晨运动及饮水后愈趋明显。随后咳嗽加重、频繁，呼吸数增加，并有淡黄色黏性或脓性鼻液流出。病牛食欲下降并日渐消瘦，贫血，产奶减少，体表淋巴结肿大，体温一般正常或稍升高（图1-16）。

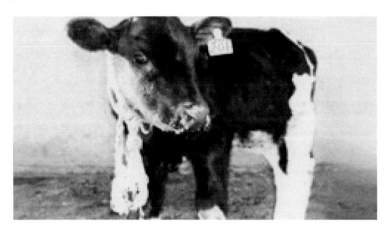

图1-16 脓性鼻液流出

2. 乳房结核

乳房结核见乳房上淋巴结肿大，在乳房中可摸到局限性或弥漫性硬结，无热无痛。泌乳量减少，乳汁变稀薄，甚至含有凝乳絮片或脓汁。严重时泌乳停止。

3. 肠结核

肠结核多见于犊牛。表现消化不良，顽固下痢，迅速消瘦。粪呈半液状，可能混有黏液和脓液。波及肠系膜淋巴结、腹膜和肝脾时，直肠检查可能发现异常。

4. 生殖器官结核

生殖器官结核表现性欲亢进，不断发情，但不易受孕，孕后也往往流产。公畜附睾及睾丸肿大，硬而痛。

5. 脑结核

脑结核表现多种神经症状，乃至失明。

（二）病理变化

牛结核病变是在侵害的组织和器官多形成特异性结核结节，由粟粒大乃至豌豆大小，为灰白色、半透明的坚实结节，散在或互相融合形成较大的集合性结核结节。病期较久者，可见结节中心发生干酪样坏死，大小不等，其外形成包囊；有的坏死液化形成空洞，特别是在肺部。有的钙化变硬，周围有白色瘢痕组织（图1-17、图1-18）。

 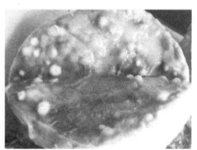

图1-17　肺结核结节　　　　　图1-18　淋巴结肿大、结核结节

（三）防治方法

1. 预防

防治牛结核病，以检疫、隔离、消毒和培育健康犊牛为主要措施。

（1）检疫。无病牛，特别是未发现结核病的牛群，每年应定期普遍地用结核菌素试验和临床检查进检疫，以便及时发现和处理可能出现的病牛。对新引进的牛，应隔离观察1～2个月并经结核菌素试验，证明无病者方可混群。

（2）隔离。对于检出的阳性病畜应立即隔离，并经常做临床检查，发现开放性结核病畜时，宜加以扑杀。检出的疑似病畜也应隔离，可建立隔离牛与健康牛严格隔开。如为疑似结核牛，应于25～30天进行复检，其结果仍为疑似反应时，经25～30天后可再进行第三次检疫，如仍为疑似反应，可酌情处理。

（3）消毒。做好经常性的消毒工作，严防病原散播。比较有效的消毒剂是含有效氯5%的漂白粉乳剂，20%新鲜石灰乳或15%石碳酸氢氧化钠合剂。粪便可堆积发酵消毒。

（4）培育健康犊牛。当牛群中病牛多于健康牛的情况下，可通过培育健康犊牛的方法，将病牛群更新为健康牛群。一般在犊牛出生后，即进行体表消毒，并从病牛群中隔离出来，人工喂给健康母牛的初乳，以后即喂消毒乳或健牛乳。断奶时以及断奶后6～8个月，进行2次结核菌素试验，均为阴性反应者即可并入健康牛群。受威胁的犊牛可进行卡介苗（BCG疫苗）接种。在出生1个月以后，胸垂皮下注射，20天后可产生12～18个月的免疫力，故应每年接种1次。

2. 治疗

国内外曾试用链霉素、异烟肼、对氨基水杨酸钠及利福平等药物治疗本病，在病初期对病情有所改善，但不能根治，而且疗程较长，医疗费用大。因此，治疗不是最可取的方法。尤其对开放性的结核病牛，淘汰处理是为上策。

五、牛副结核病

（一）临床症状

副结核病又称副结核性肠炎，是由副结核分枝杆菌引起的慢性消化道传染病。临床特征是周期性或持续性腹泻。

副结核病潜伏期长。临床表现由排软便到腹泻，以间歇性腹泻发展到持续性腹泻，继而会变为水样的喷射状腹泻，粪便中混有白色气泡和黏液，恶臭。由于腹泻导致失水，病牛逐渐消瘦，泌乳减少，病牛虚弱，卧多立少，并伴有下颌、胸垂、腹部水肿，最后高度贫血及衰竭而死亡（图1-19）。

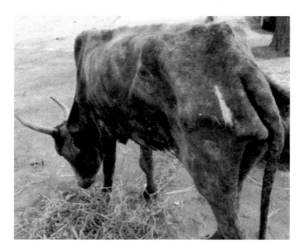

图1-19　病牛逐渐消瘦

（二）病理变化

以肠系膜淋巴结肿大、肠黏膜肥厚为特征。病变常见于空肠、回肠及结肠前段。肠管充满稀粪便，肠黏膜可比正常增厚3～10倍，形成较硬而弯曲的纵横皱褶，类似脑回样变化。此外，肠黏膜表面覆盖有大量灰黄色或黄白色黏液。肠系膜淋巴结多肿大，有时可见有黄白色湿润病灶（图1-20、图1-21）。

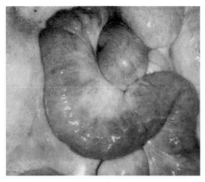 

图1-20 肠管充满稀粪便　　　图1-21 肠黏膜形成纵横皱褶

（三）防治方法

1. 预防

（1）加强对牛群的饲养管理，特别是对幼龄牛更要注意给予足够的营养，以增强其抗病能力。

（2）不要从疫区购买牛只，引种牛要进行检疫，健康者方可混群。

（3）注意消毒，对被病牛排泄物污染过的一切用具，应进行彻底的消毒。

（4）有明显临床症状及细菌学检查阳性的牛，要及时扑杀处理。

（5）对连续3次变态反应呈疑似反应的牛，应酌情处理。对变态反应阳性母牛，原则上不留做种用。

（6）我国已研制出副结核病弱毒菌苗，在有副结核病（无结核病）牛场可以试用，免疫期可达48个月。

2. 治疗

本病尚无特效药物。一般采用对症疗法，当腹泻严重时，可补充等渗葡萄糖生理盐水，每次2 000～3 000mL静脉注射。也可结合肌内注射青霉素每次每千克体重1万～2万单位和链霉素每次每千克体重20～40mg，每天1～2次，连用5～10天。

六、牛大肠杆菌病

（一）临床症状

大肠杆菌病是由致病性大肠杆菌引起的新生犊牛的急性传染病，其特征为剧烈腹泻及全身败血症，并迅速陷入衰竭、脱水和酸中毒。

大肠杆菌病潜伏期短，多数仅几小时。常以腹泻、败血症及肠毒血症形式出现。腹泻型病犊初期体温升至40℃左右，数小时后即腹泻，粪便呈黄色或灰白色、泡沫粥样或水样并伴有未消化的凝乳块及凝血块，病犊常死于脱水和酸中毒，病程长的可出现肺炎及关节炎症状。治疗及时，一般可治愈，但往往生长不良。

肠毒血症型多发生在吮过初乳的7日龄以内的犊牛，病犊多突然发病而死亡，死前常出现剧烈的腹泻症状。病程稍长者可见典型的中毒性神经症状（沉郁、昏迷）。

图1-22　病牛拉黄色稀粪

败血症型主要发生在未吮过初乳的7日龄以内的犊牛，多数病例体温升高，精神委顿，有的出现腹泻，有的则没有，有的未见腹泻而仅见一般症状后数小时至1天内死亡。病程延长者，可继发关节炎、胸膜炎而死亡（图1-22）。

（二）病理变化

死于败血症及肠毒血症的犊牛，常无特异的病变。死于腹泻的犊牛，外观尸体消瘦、黏膜苍白，呈现急性胃肠炎变化。胃内有凝乳块，胃黏膜充血、出血、水肿。肠系膜淋巴结肿大，切面多汁或充血。肝脏和肾脏苍白，有时有出血点。心内膜有出血点。

（三）防治方法

1. 预防

（1）注意牛舍清洁卫生，定期消毒，勤换垫草，保持干燥的环境，给犊牛及时喂以初乳以获得母源抗体的保护。

（2）败血型大肠杆菌血清型很多，可用自家菌苗于产前免疫接种。

2. 治疗

对腹泻犊牛可应用抗生素药物进行治疗，如庆大霉素、新霉素、链霉素等。大肠杆菌容易产生抗药性菌株，若遇有抗药性菌株，应通过做药敏试验选择更敏感药物。此外，也可选用易被黏膜吸收的药物，如磺胺类与甲氧苄氨嘧啶（TMP）合用。对症疗法可应用5%葡萄糖盐水静脉注射等。

七、牛沙门氏菌病

（一）临床症状

本病系由鼠伤寒沙门氏菌、都柏林沙门氏菌或钮波特沙门氏菌感染所致。临床上以败血症和腹泻为主要特征。

本病主要经消化道感染。病牛及带菌牛是本病的主要传染源，可感染各种年龄的牛，以出生30～40天以后的犊牛易感。本病在犊牛呈流行性发生，成年牛呈散发性发生。犊牛出生48小时内感染表现不食，卧地、衰竭，常于3～5天死亡，10～14日龄以后发病者，初期体温升高到40～41℃，24小时后排出灰黄色、混有血液或血丝的粪便，可于5～7天死亡，病死率达50%。病程长的牛可见腕、跗关节肿大及有支气管炎和肺炎症状。成年牛表现发热，不食，呼吸急促，继而出现腹泻，粪便中带有血块，恶臭，含有纤维絮片和黏膜。病牛可在1～2天死亡。

（二）病理变化

犊牛急性病例可见心壁、皱胃、小肠黏膜有出血点。肠系膜淋巴结水肿、出血，肝、脾、肾可见坏死灶，有的牛可见肺炎病变（图1-23、图1-24）。

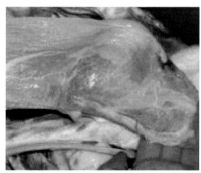

图1-23　小肠黏膜有出血点　　　　图1-24　脾脏肿大

（三）防治方法

1. 预防

（1）加强母牛与犊牛的饲养管理，消除各种发病诱因。保持饲料、饮水的清洁卫生。

（2）定期对牛舍、用具及环境进行消毒。

（3）定期对牛群进行检疫，检出带菌牛，应予以淘汰。

（4）应用本牛群或当地牛群中分离的菌株，制备单价灭活菌苗，用于本病的免疫接种，可收到良好的预防效果。

2. 治疗

应用抗生素及磺胺类药物并辅以对症治疗，可收到良好效果。常用抗生素有土霉素、链霉素、卡那霉素等，磺胺类药物如磺胺嘧啶、磺胺二甲嘧啶等，均有较好的效果。对症治疗主要是调节胃肠功能、止泻收敛、调节电解质平衡等。

八、牛巴氏分枝杆菌病

牛巴氏杆菌病，是由多杀性巴氏杆菌引起的一种急性、热性传染病，一般呈散发性或地方流行性，多发生于夏、秋季节。

（一）临床症状

潜伏期为2~5天。根据临床可分为败血型、水肿型、肺炎型和慢性型4种。

败血型：病初体温升高41~42℃，精神沉郁，低头拱背，呆立，采食、反刍停止，呼吸、心跳加快，肌肉震颤，结膜充血潮红，鼻镜干燥、流浆液性或黏液性鼻液，重者混有血液。腹泻，粪中混有黏液、黏膜甚至血液，恶臭，有时尿中也带血。一般24

小时死亡（图1-25）。

图1-25　腹泻，粪中混有黏液

水肿型：病牛胸前及头颈部水肿，严重者波及下腹部。肿胀部初坚硬而热痛，后变冷而疼痛减轻。舌咽高度肿胀，眼红肿、流泪；口流涎；呼吸困难，黏膜发绀，最后窒息或下痢虚脱致死。病程2~3天。

肺炎型：此型最常见，体温升高，呼吸、心跳加快。然后肺炎症状逐渐明显，呼吸困难，干咳而显疼痛，流出混有泡沫的浆液性鼻液并带有血红色，后呈脓性。胸部叩诊有浊音、疼痛反应，听诊有支气管呼吸音或湿性啰音。2岁以内的犊牛，常严重下痢并混有血液。病程一般为1周左右，有的病牛转变为慢性。

慢性型：以慢性肺炎为主，病程1个月以上。

（二）病理变化

败血型呈现败血症变化，黏膜小点出血，淋巴结充血肿胀，其他脏器也有出血点。肺炎型肺部有不同程度的肝变区，色彩，即所谓大理石样变，胸腔有大量含纤维素性积液，胸膜出现胶样浸润，切开即流出多量黄色澄明液体。淋巴结肿大。此外，其他组织器官也有不同程度的败血变化（图1-26、图1-27）。

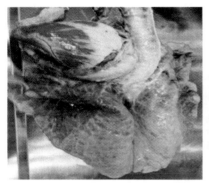

图1-26　肺萎缩，炎症波及整个肺叶　　图1-27　肺表面有干酪样坏死灶

（三）防治方法

1. 预防

（1）平时加强饲养管理和卫生，注意保暖，避免受寒、过劳、饥饿等，以增强抗病能力。

（2）隔离病畜，禁止疫区牛只移动，以防传播。

（3）污染牛栏用5%漂白粉或10%石灰水消毒。粪便和垫草进行堆积发酵处理。

（4）每年定期给牛注射牛巴氏杆菌苗。

2. 治疗

（1）2%氧氟沙星针剂每千克体重3～5mg肌内注射，复方庆大霉素针剂肌内注射每日2次，3天为1个疗程。

（2）乳酸环丙沙星粉剂全群饮水。

（3）10%石灰水消毒圈舍，每日2～3次。

（4）注射牛出败疫苗。

九、牛轮状病毒病

（一）临床症状

轮状病毒病是由轮状病毒引起犊牛的急性胃肠道传染病，以精神委顿、厌食、呕吐、腹泻、脱水为主要特征。

轮状病毒病主要发生在犊牛，发病日龄主要在15～90日龄。潜伏期18～96小时，病犊精神沉郁，吃奶减少，体温正常或略偏高。腹泻，粪便呈白色或灰白色，有时呈黄褐色，粪便较黏稠或呈水样，有时附有肠黏膜及含有未消化凝乳块，排粪次数不一。一般情况下病死率不超过10%，但若有继发感染，特别是在恶劣气候条件或气候多变时，病犊感染肺炎，则病死率将会显著提高（图1-28）。

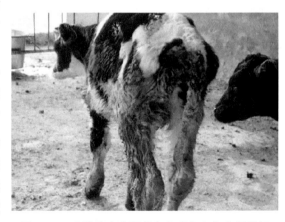

图1-28　病犊排出大量黄白色或灰白色水样稀便

（二）病理变化

轮状病毒病主要侵害小肠，特别是空肠和回肠部，呈现肠壁变薄，内容物液状，肠绒毛萎缩。

（三）防治方法

1. 预防

已试制出牛轮状病毒弱毒疫苗，用于免疫母牛，通过初乳抗体保护小牛，经野外试用，有一定效果。对犊牛腹泻还可用轮状病毒活疫苗口服，这种口服疫苗对人工感染犊牛有保护性，并可减少自然发病率。做好常规的卫生、消毒工作，病犊要隔离以减少自然感染及交叉感染的机会。

2. 治疗

尚无特异的治疗方法。补液、应用肠道收敛剂等对症治疗，有一定作用。抗生素可预防继发感染。

十、牛传染性胸膜肺炎

（一）临床症状

牛传染性胸膜肺炎是由丝状霉形体引起的牛的一种接触性传染病。主要特征为纤维素性肺炎和胸膜炎。

1. 急性型

病初体温升高至40～42℃，稽留热；鼻孔扩张，鼻翼翕动，有浆液或脓性鼻液流出。呼吸高度困难，呈腹式呼吸，有吭声或痛性短咳。前肢外展，喜站。

2. 慢性型

牛传染性胸膜肺炎多数由急性型转化而来。病牛消瘦，消化机能紊乱，食欲反复无常，常伴发痛性咳嗽，叩诊胸部有浊音区且敏感（图1-29）。

图1-29　有浆液或脓性鼻液流出

（二）病理变化

　　牛传染性胸膜肺炎特征性病变在肺脏和胸腔。肺的损害常限于一侧，以右侧居多，多发生在膈叶。初期以小叶性肺炎为特征，肺炎灶充血、水肿呈鲜红色或紫红色。中期为该病典型病变，表现为纤维素性肺炎或胸膜炎，肺实质发生肝变，红色和灰白色互相掺杂，切面呈大理石状外观。肺间质水肿增宽，呈灰白色。病肺与胸膜粘连，胸膜显著增厚并有纤维素附着，胸腔呈淡黄色并夹杂有纤维素性渗出物（图1-30至图1-33）。

图1-30　肺间质水肿增宽

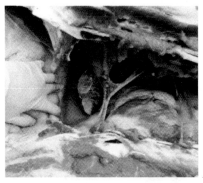

图1-31　胸腔积有大量淡黄色积液

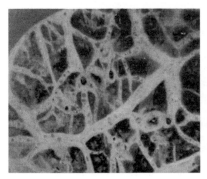

图1-32　肺大理石样变

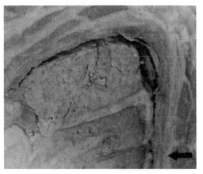

图1-33　肺坏死块化

（三）防治方法

1.预防

非疫区勿从疫区引牛。老疫区宜定期用牛肺疫兔化弱毒菌苗或绵羊化弱毒菌苗注射。

（1）氢氧化铝菌苗。臀部肌内注射，大牛2mL，小牛1mL。

（2）盐水苗。尾尖皮下注射（距离尾尖2～3cm柔软处），大牛1mL，小牛0.5mL。此2种疫苗均可产生1年以上的免疫力。

2. 治疗

暴发牛传染性胸膜肺炎的地区，要通过临床检查，同时，采血送检，检出病牛应隔离、封锁，必要时宰杀淘汰；污染的牛和屠宰场应用2%来苏儿或20%石灰乳消毒。本病早期治疗可达到临床治愈，但是病牛症状消失，肺部病灶被结缔组织包裹或钙化，长期带菌，故从长远利益考虑应以淘汰病牛为宜。

十一、牛传染性鼻气管炎

（一）临床症状

传染性鼻气管炎是由病毒引起的呼吸道传染病。主要临床特征是呼吸道黏膜炎症、水肿、出血、坏死和浅烂斑引起体温升高，流鼻液，咳嗽和呼吸困难。由于这种病毒也可引起化脓性阴道炎、结膜炎、脑膜脑炎、流产等其他病症。因此，是一种同一病因引起多病症的传染病。本病只发生于牛。

本病临床上分为呼吸系型、生殖道感染型、脑膜脑炎型3种。其中，呼吸系型为最主要的常见的一种。

1. 呼吸系型

本病自然发病的潜伏期为4～6天。人工接种（气管内或鼻腔内）可缩短到18～72小时。临床表现不一，有些牛感染后病情很轻微，不易观察到，有些牛却很严重。急性病例可侵害到整个呼吸道，但对消化道的侵害较轻。病初，体温可达40℃以上。精神极度沉郁，废食，鼻腔中流出多量黏液脓性分泌物。鼻黏膜高度充血，出现浅溃疡。鼻窦及鼻镜因组织高度发炎而形成"红鼻子"或称坏死性鼻炎。以后鼻黏膜逐渐发生坏死，呼气中常带有恶臭味。呼吸道常因炎性渗出物阻塞而发生呼吸困难，呈张口呼吸，呼吸次数快而浅表，常伴发疼痛性咳嗽。当炎症危及眼部时，则发生结膜角膜炎。结膜下水肿，结膜上形成灰色坏死灶，呈颗粒状。角膜呈轻度云雾状，通常不形成角膜溃疡。有些病例出现腹泻，粪中伴有血液。奶牛病初期产奶量明显下降，最后可完全停止，但大多数经5～7天后可逐渐恢复泌乳量。少数重型病例数小时即可死亡，大多数病例病程在10天以上。牛群的发病率很不一致，通常为20%～30%。严重流行区发病率可达70%～100%。病死率却很低，一般为1%～5%。犊牛病死率较高（图1-34、图1-35）。

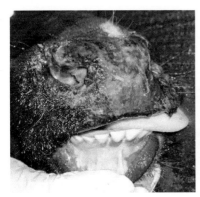

图1-34　鼻黏膜高度充血

图1-35　鼻镜发红

2.生殖道感染型

本病又称为传染性脓疱阴户阴道炎及交合疹。潜伏期1～3天，可发生于母牛及公牛。病初，轻度发热。精神沉郁，废食。频频排尿，有疼痛感，严重时，尾巴常向上竖起，摆动不安。乳产量明显下降。阴门水肿，阴门下联合处流出大量黏液，呈线条状，污染附近皮肤。阴道发炎、充血，其底面上有大量黏稠无臭的黏液性分泌物。阴门黏膜上出现许多小的白色结节，以后形成脓疱，脓疱越来越多，融合在一起，形成一个广泛灰白色坏死膜，当擦去坏死膜或坏死膜脱落后留下一个红色的创面，随病程的延长，在阴道前庭和整个阴道壁均可发生此现象。当急性期消退时，开始创面愈合，常于10～14天痊愈。公牛感染时，潜伏期2～3天。精神沉郁，拒食。生殖道充血。轻症1～2天后消退而恢复。重症，发热，包皮、阴茎上出现脓疱，随即包皮肿胀、水肿、疼痛，排尿困难。一般10～14天开始康复。但一旦有细菌继发感染后，则出现明显的全身症状。个别公牛感染后，不表现症状而呈带毒现象，使病毒从精液中排出。

3.脑膜脑炎型

本病只见于犊牛群中发生。病初，发热至40℃以上，食欲下降，精神沉郁。鼻黏膜充血发红，流多量浆液性鼻液。流泪，口腔流出多量浆液性黏液性唾液。偶尔有呼吸困难。严重病牛出现神经症状，感觉、运动全部失常，走路时共济失调。严重时，倒地，角弓反张，磨牙，吐白沫，最后惊厥而死。一般病程很短，3～5天死亡。本型发病率很低，但病死率很高，有时可达50%以上。

（二）病理变化

呼吸系型：见呼吸道黏膜有炎症及浅溃疡，上覆纤维蛋白性脓性分泌物，呼吸道上皮细胞中出现核内包涵体（病程中期易发现，于临床症状明显前消失），有时出现呈片状的化脓性肺炎。眼结膜上形成灰色坏死膜。常伴有皱胃黏膜发炎及溃疡、卡他性肠炎。生殖道感染型在阴道出现特征性的白色颗粒和脓疱。脑膜脑炎型在脑部出现非化脓性脑炎变化。另外，流产胎儿肝、脾局部坏死，有时皮肤水肿。

（三）防治方法

1. 预防

采用疫苗注射是预防本病的一种较有效的措施。一般对半岁左右的犊牛进行预防接种，接种后10～14天产生免疫力，第一次接种后4周，再接种1次，免疫期可达6个月以上。另外，皮下或肌注康复后的成年母牛的血液，有良好的保护作用。犊牛吃母牛的初乳可获得被动免疫，保护力达2～4个月。怀孕母牛一般不接种疫苗，以免引起流产。

2. 治疗

本病至今尚无特效疗法。发病期间应用广谱抗生素可以阻止细菌的继发感染。使用综合性的对症疗法，如输液、补糖、抗炎等均可降低病死率。康复后的牛能终生免疫。

十二、牛恶性卡他热

（一）临床症状

恶性卡他热是一种急性、发热性传染病。主要临床特征是发热，口、鼻、眼黏膜的急性卡他性纤维素性炎症，并伴有角膜浑浊和严重的神经症状。

本病潜伏期为3～8周。临床表现可分为头眼型、最急性型、肠型及皮肤型4种。其中，以头眼型较为常见，且混合发生。其他型的单独发生少见。

1. 头眼型

本病病初，体温高达40℃以上，呈稽留热，直到死亡前下降。在发热后的第二天起，口腔黏膜充血及排出泡沫样的唾液。在唇角、齿龈上出现许多灰白色小丘疹，以后逐渐溃烂，形成一个个边缘呈锯齿状、与坏死皮层相结合、上面覆盖着黄色假膜的黄黑色溃疡面。此溃疡面有时也可出现在舌及硬颚。当这种表面坏死和形成溃疡的炎症过程扩展到唇部和鼻部皮肤时，鼻黏膜发炎、充血、肿胀，出现溃疡出血面。开始流出卡他性鼻液，以后逐渐变为脓性纤维素性并带有血液和坏死组织的恶臭鼻液。鼻镜表皮坏死，发生溃烂，形成大片坏死、干痂。临床上出现呼吸困难。当炎症延展至额窦、鼻窦及角窦时，两角根发热，松动，甚至脱落。在上述症状出现的同时，双眼先出现畏光、流泪、眼睑肿胀，甚至外翻。结膜发生浸润，呈红色。以后出现虹膜炎及基质性角膜炎。不久，角膜发生浑浊，一般以角膜边缘开始，逐渐向中央蔓延，先呈环状，数天后变得全部浑浊，不透明。严重时，表面形成溃疡，甚至引起角膜穿孔，两眼有脓性及纤维素性分泌物。

本病使牛全身症状特别严重。病牛消瘦，被毛逆立。精神高度沉郁，垂头呆立。全身肌肉震颤，食欲及反刍停止。呼吸困难，心跳加速，有时发生疼痛性阵咳。严重时，卧地难起，磨牙。强迫起立时，步态不稳，身体摇晃，易摔倒。病初便秘，以后出现剧烈腹泻，粪便中伴有血液及脱落的肠黏膜上皮，有疝痛症状。妊娠牛常发生流产。有时伴发肾炎及膀胱炎，排尿频繁，尿液排出困难，并有疼痛感。尿呈酸性，往往含有血液、尿圆柱、肾上皮及蛋白质。严重病例皮肤（阴门及四肢内侧）出现紫红色出血斑，体表淋巴结肿胀，白细胞减少，嗜中性白细胞明显核左移。

病程一般5～14天，有时可拖延至3～4周，甚至更长。本病在新发生区病死率颇高，常发区病死率低（图1-36、图1-37）。

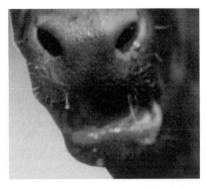

图1-36　鼻孔张大，流出黏稠的
　　　　分泌物

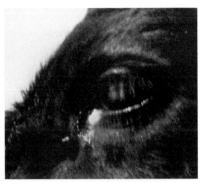

图1-37　角膜发生浑浊

2. 最急性型

本病一般病牛在发病后1～2天内急性死亡。无头眼型特征性症状，仅高热不退，呼吸困难，个别出现急性胃肠炎。

3. 肠型

本病高热稽留。主要呈现纤维素性坏死性肠炎症状。病死率高。

4. 皮肤型

本病主要表现皮肤出现丘疹、疱疹和龟裂、坏死等变化。

（二）病理变化

1. 头眼型

本病以类白喉性坏死变化为主，特别是鼻甲骨、筛骨等骨组织更为明显。喉头、气管和支气管黏膜充血、点状出血并覆有假膜。眼的变化如临床所见，病理组织学特征是口腔、鼻腔黏膜复层鳞状上皮的变化和坏死。在脑、肾和肝脏出现血管周围淋巴细胞和单核细胞增生和浸润。

2. 最急性型

本病变轻微。但可见心肌变性，肝、肾浑浊肿胀，脾脏和淋巴管肿大，消化道黏膜不同程度炎症变化。

3. 肠型

本病以胃肠黏膜出血性炎症为主。肝、肾浑浊肿胀，心包和心内外膜有小点出血。

（三）防治方法

1. 预防

保持牛舍干燥卫生和良好的通风，加强饲养管理，增强牛体的抵抗力。定期消毒牛舍，要避免与绵羊、山羊密切接触，更不要同舍饲养。

2. 治疗

目前无特殊治疗方法。临床上可试用下列方法进行治疗。

（1）5%氯化钙注射液400mL，5%葡萄糖溶液1 000mL，静脉注射。同时，用0.1%盐酸肾上腺素注射液3～8mL皮下注射，每天1次，连用3天。

（2）盐酸四环素5g，5%葡萄糖溶液1 000～1 500mL，静脉注射，每天1次，连用3天。必要时，可用氢化可的松配合治疗。

（3）抗猪瘟血清150～200mL，皮下注射，每天1次，注射2～3次。

（4）可选用下列1种溶液洗涤眼、鼻、口腔黏膜：1%硼酸溶液，0.1%硫酸铜溶液，0.5%~2%明矾溶液，0.1%高锰酸钾溶液，0.1%雷佛奴尔溶液。也可用眼药水（如阿托品溶液，倍他米松新霉素混合液）点眼治疗。

（5）美蓝2g，5%葡萄糖溶液2 000mL，25%葡萄糖注射液500mL，静脉注射。

十三、牛传染性角膜结膜炎

（一）临床症状

本病又称红眼病，是由牛摩氏杆菌、类立克次体、霉形体和某些病毒所致的一种急性传染病。其特征是眼结膜和角膜发生明显的炎性症状，直接或间接接触传染。例如，牛与牛头部相互摩擦或通过打喷嚏、咳嗽而传染；蝇类或某些飞蛾也可传播本病；被病牛的泪和鼻分泌物污染的饲草也可散播。在病愈牛的眼和鼻分泌中的病菌可存活数月，因此，引进病牛或带菌牛是引起牛群暴发本病的一个常见原因。夏秋季多见，呈散发和地方性流行。

本病初期患眼怕光、流泪，眼睑肿胀，角膜凸起，周围血管充血，结膜和瞬膜红肿，角膜上发生白色或灰白色小点，角膜出现混浊，严重者角膜增厚，发生溃疡，甚至破裂，晶状体脱出。发病初期常为一只眼患病，后为双眼感染。病牛一般无全身症状，只有轻度微热。多数病牛可自然痊愈，但往往招致角膜薄翳、白斑和失明（图1-38至图1-41）。

（二）防治方法

1.预防

（1）隔离病牛，早期治疗，彻底清除污染饲草，消毒栏舍。

（2）夏秋季需注意灭蝇和扑杀各种昆虫，以防扩散传播。

（3）病牛隔离应关入僻静黑暗处，避免阳光刺激，使牛安静休息，促进眼病痊愈。

图1-38　怕光、流泪

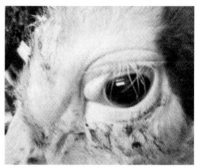

图1-39　眼睑肿胀

图1-40　结膜红肿

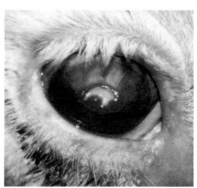

图1-41　角膜溃疡、破裂

2. 治疗

（1）用2%～4%硼酸溶液冲洗，揩干后用金霉素或四环素眼膏点涂病眼，每日1～2次。如出现角膜混浊或角膜薄翳时，可用2%～5%黄降汞眼膏点涂。也可用柏树枝和明矾熬水，以纱布过滤，凉后洗眼。

（2）用四环素100万～200万单位溶于生理盐水中作静脉滴注，每日1次，连用2～3天，效果很好。

十四、牛布氏杆菌病

（一）临床症状

本病是由布氏杆菌所引起的一种人畜共患的传染病。病菌分牛、羊、猪三型，可相互感染，人和马、狗等也可感染。病畜为主要传染源，多经流产时的排出物以及乳汁、交配而传播。多呈地方性流行。

母牛除流产外，常不显现其他症状，流产多发生在孕期的5～7个月时，产出死胎或软弱胎儿。胎衣滞留不下，阴门流出红褐色恶臭液体，引起子宫炎及卵巢囊肿而致长期不孕。患病公牛常发生睾丸肿大，触之微痛、热，有的鞘膜腔积液，压之波动（图1-42）。

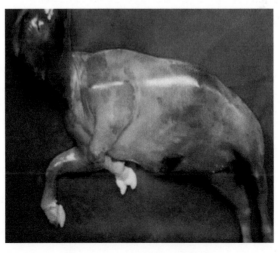

图1-42　产出发育不全的胎儿

（二）病理变化

除流产外，可见胎盘绒毛叶上有多数出血点和淡灰色不洁渗出物，并覆有坏死组织，胎膜粗糙、水肿、严重充血或有出血点，并覆盖有灰色脓性物。子宫内膜呈卡他性炎或化脓性内膜炎。流产胎儿的肝、脾和淋巴结呈现不同程度的肿胀，甚至有时可见散布着小坏死灶。母牛常有输卵管炎、卵巢炎或乳房炎。公牛睾丸和附睾坏死呈灰黄色。

（三）防治方法

1.预防

（1）定期检疫和预防注射，每年可用凝集反应检疫2次，及时隔离阳性病牛，并及时治疗。对疫区内牛可用布氏杆菌弱毒菌苗进行气雾或饮水免疫，也可用于定期预防注射。

（2）严格消毒，对被污染的栏舍、用具等用10%石灰乳或3%来苏儿溶液消毒。粪尿用微生物发酵产热处理。

（3）病死尸体、流产胎儿、胎衣等焚烧或深埋。病牛乳经消毒利用。

2.治疗

（1）对流产母牛可用0.1%高锰酸钾溶液或0.02%呋喃西林溶液冲洗子宫和阴道，开始时每天1～2次，以后每隔2～3天1次。直至无恶露排出为止。

（2）可用金霉素或土霉素每次每千克体重15～20mg，肌内或静脉注射，每天1～2次，连用10～15天。

十五、牛海绵状脑病

（一）临床症状

牛海绵状脑病也称疯牛病。系与痒病毒相类似的一种朊病毒引起。以行为异常、运动失调、轻瘫、脑灰质海绵状形成和神经原空泡形成特征的中枢神经系统疾病。

牛海绵状脑病潜伏期4～6年，甚至更长，呈散发性。发病有明显季节性，多发生于夏季和初秋。病初头部颤动，左右摇晃，进而表现烦躁不安，行动反常，对声音及触摸十分敏感。常由于恐惧、狂躁而表现出攻击性，共济失调，步态不稳，乱踢乱蹬以致摔倒。少数病牛可出现头部和肩部肌肉颤抖和抽搐。后期出现强直性痉挛，最后极度消瘦而死亡。病程14～180天（图1-43）。

图1-43　病牛表现烦躁不安

（二）病理变化

本病肉眼病变不明显。组织学检查主要病变是脑组织呈海绵样外观（脑组织空泡化），脑灰质形成明显的空泡，神经无变性、坏死和星状胶质细胞增生。

（三）防治方法

1. 预防

我国虽未发现本病，但要重视防范。对本病的预防，首先应停止使用肉骨粉喂牛、羊，禁止任何可疑患病动物产品及活畜进入流通市场。加强市场及口岸检疫，严禁从疫区或发病国家引进种牛、冷冻精液、胚胎和其他任何畜产品以及可能利用动物源加工的其他制品，如引用胎牛血清、羊脑生产的疫苗、生物激素及其制品，包括多种化妆品等。

2. 治疗

目前，尚无有效的治疗方法。

第二章
牛的寄生虫病

一、绦虫病

（一）临床症状

本病是由寄生在牛小肠内的莫尼茨绦虫、曲子宫绦虫和无卵黄腺绦虫所引起的一种疾病。其中，以莫尼茨绦虫致病力最强，常呈地方性流行。莫尼茨绦虫呈扁带状，乳白色，头节近似球形。虫卵浅灰色，形状不等，有三角形、立方形、圆形等，卵壳内含有梨形器，内有六钩蚴。虫卵或孕卵节片随牛粪排出体外，被中间宿主地螨吞食后，在其体内发育成侵袭性的似囊尾蚴。牛采食时吃了地螨而被感染。似囊尾蚴吸附在牛小肠黏膜上，又发育为成虫。轻度感染不显现症状。严重感染时则表现消化不良、食欲减退、精神差，迅速消瘦，黏膜苍白，贫血，腹下水肿，腹痛，有时抽搐或做回旋运动，下痢和便秘交替出现，排粪努责，在粪便中可见白色米粒状的节片。

（二）病理变化

剖检时，可在肠道中发现成团的虫体。肠道呈现炎症病变（图2-1）。

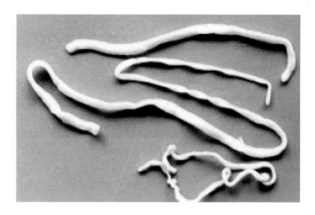

图2-1　绦虫

（三）防治方法

1. 预防

（1）在绦虫成熟前期驱虫。注意粪便堆积发酵，制止病原散布。

（2）彻底改造牧地，消灭地螨。不在低洼潮湿地带放牧，有条件的地方实行轮牧。

2. 治疗

（1）吡喹酮按每千克体重100mg，1次灌服。

（2）硫双二氯酚按每千克体重50mg，1次灌服或混入饲料中喂给。

（3）1%硫酸铜溶液1 000mL灌服或用驱绦灵每千克体重

60mg，配成10%的水悬液1次灌服。

（4）南瓜子100g、槟榔60g、鹤虱30g、白矾20g，水煎服，犊牛酌减。

二、囊虫病

（一）临床症状

本病是由无钩绦虫的幼虫—牛囊尾蚴寄生于牛的肌肉组织中所引起的一种疾病。成虫寄生于人的小肠内，长3~10m，由900个左右的节片组成。孕卵节片脱落下来，随粪便排出体外，牛吞食了被孕卵节片污染的草料或饮水而感染，幼虫（六钩蚴）从卵内逸出钻入肠黏膜，随血液进入肌肉组织发育成囊尾蚴。牛囊尾蚴呈卵圆形，白色，人吃了未煮熟的含有囊尾蚴的牛肉而感染，在小肠中发育成绦虫，产卵随粪便排出，这样又传给牛，牛又传给人，造成人畜互相感染（图2-2）。

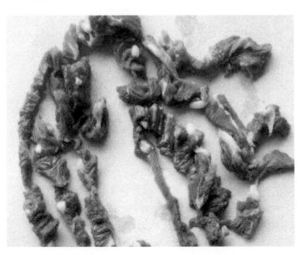

图2-2　牛肉中的牛囊虫

病初体温升高到40~41℃，剧烈腹泻，食欲缺乏，长期躺卧。以后，可见前胃弛缓，嚼肌、背肌和腹肌疼痛，肩前和股前淋巴结肿大，呼吸和心跳加快，全身肌肉震颤，在臀部、肩胛部等处按压有明显痛感，有的表现为跛行、骚动不安，常可引起死亡。病牛经过8~12天后，能耐过时，上述症状消失，觉察不出异常表现。

（二）病理变化

可见舌肌、嚼肌、颈肌、心肌、臀肌和四肢肌肉等处均有囊尾蚴寄生。一般生前诊断困难，但在屠宰和尸体解剖时发现囊尾蚴可以确诊。

（三）防治方法

1. 预防

（1）改善公共卫生环境，防止牛吃到被人粪污染的草料和饮水。

（2）对囊尾蚴的牛肉产品应根据国家卫生检验条例严格处理。

（3）对患有绦虫病的人要进行治疗，人粪应加以处理灭卵，以杜绝病源传播。

2. 治疗

（1）吡喹酮按每千克体重30mg，1次肌内注射。

（2）丙硫苯咪唑按每千克体重15mg，1次口服。

三、螨虫病

（一）临床症状

螨虫病又称疥螨、癞病。由疥螨和痒螨引起。以剧痒、湿疹性皮炎、脱毛和具有高度传染性为特征。

临床上牛的疥螨和痒螨大多呈混合感染。

本病初期多在头、颈部发生不规则丘疹样病变，病牛剧痒，使劲磨蹭患部，使患部落屑、脱毛、光滑，甚至出血，皮肤增厚，失去弹性。鳞屑、污物、被毛和渗出物粘在一起，形成痂垢。病变部逐渐扩大，严重时可蔓延至全身。由于剧痒，病牛长期烦躁不安，影响正常采食和休息，从而使消化吸收功能及营养状况日渐下降而急骤消瘦。如继发感染，则出现体温升高、食欲减退等症状。有的病牛因消瘦和恶病质而死亡（图2-3）。

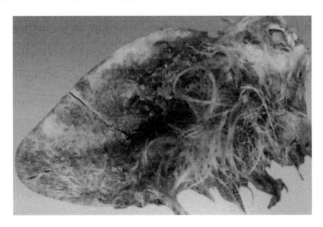

图2-3　牦牛耳部的疥螨病变：皮肤粗糙、脱屑、脱毛

（二）病理变化

在患部刮取痂皮检查虫体。方法是选患部与健康皮肤交界处的新鲜病灶，用消毒凸刃小刀先刮去干燥皮屑，然后轻轻用力刮取湿润皮肤数处，深部以见有血印为止，刮过的局部用碘酊消毒，病料放在试管或平皿中备用。检查方法可用直接检虫法、活虫检查法、沉淀法。

（三）防治方法

1. 预防

牛舍要宽敞，干燥，透光，通风良好，经常清扫，定期消毒。对患病牛及时隔离治疗。治愈牛应继续观察20天。如未再发，再一次用杀虫药处理后方可合群。引入牛时，要隔离观察，确认无螨病后再并入牛群中。

2. 治疗

局部涂擦和药浴疗法。用药前剪去患部被毛，用温肥皂水或温碱水洗掉患部的污物、痂皮和皮屑，晾干后涂药。若患部面积较大，必须分片治疗，以防中毒。

（1）涂药疗法。局部剪毛清洗后反复涂药。敌百虫溶液（来苏儿5份，溶于温水100份中，加入敌百虫5份）涂擦患部，或用敌百虫0.5%～1%的水溶液喷洒，或螨净0.5%溶液喷洒。

（2）药浴疗法。可采用水泥药浴池或机械化药浴池，常用0.05%辛硫磷等。药浴后要防止牛舔食药液。

（3）伊维菌素。每千克体重200μg克皮下注射，严重病例，间隔7～10天重复用药1次。

四、皮蝇蛆病

皮蝇蛆病是由双翅目、皮蝇科、皮蝇属的昆虫幼虫寄生于牛的皮下组织所引起的一种国际性的人兽共患寄生虫病。

（一）临床症状

在皮蝇雌虫飞翔产卵季节，牛为躲避皮蝇，在牧草上或运动场内乱跑，不安，蹴踢，摇尾或吼叫。采食量日渐减少，身体消瘦，产奶量下降，甚至引起外伤和流产。虫体钻入皮肤时，牛只不安、局部疼痛及瘙痒，病变部位发生血肿、皮下蜂窝织炎，皮肤隆起，粗糙不平（图2-4、图2-5）。

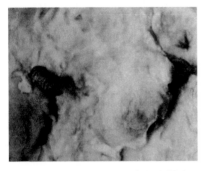

图2-4　牛皮蝇幼虫从隆包中钻出　　　图2-5　皮肤上幼虫钻出的空洞

（二）病理变化

用手触压肿胀边缘可挤出虫体，并有褐色胶冻样物、脓液流出。

（三）防治方法

1. 预防

在流行较轻的地区，在牛背上发现瘤状隆起时，可用手挤压皮孔周围，将幼虫挤出并消灭。在流行严重的地区，可在每年的温暖季节（一般在4—11月）进行药物预防，可用溴氰菊酯定期全场喷雾，对所有牛用2%敌百虫溶液喷洒全身。

2. 治疗

治疗应先清除脓痂乱毛，用刷子蘸敌百虫、倍硫磷等药液涂擦，可杀死虫体。严重感染、虫数极多时，应分部位分次涂药，以防一次杀虫过多，吸收中毒。由于虫体到达背部时间不一，在整个流行季节，要涂药2～3次。最近把药物制成易吸收的浇注剂，直接浇注于背部，即可吸收杀虫。内用药物杀死移行发育中的早期幼虫，可收到更好的效果。在流行地区，浇注可在一年中的4—11月进行。12月至翌年3月因幼虫在食道和脊椎，不宜用药。在成蝇活动季节，在牛体喷洒药液，杀死卵内孵出的幼虫，也可收到保护牛只，降低感染的作用。

五、肝片形吸虫病

（一）临床症状

肝片形吸虫病也叫肝蛭病，是由肝片形吸虫引起，以急性或慢性肝炎、胆管炎为特征。牛肝片形吸虫呈地方性流行，多发生于低洼潮湿地区。夏、秋季节，气候温暖，雨量充足，有利于本病的传播，因为大量肝片形吸虫尾蚴游出螺体，随雨后水涨，广泛附于草叶上形成囊蚴感染牛，致使本病广泛流行。轻度感染往往无明显症状。严重感染时，表现食欲缺乏，前胃弛缓。渐进性消瘦，贫血，颌下、胸前水肿。下痢，粪便常含有黏液，有恶臭和里急后重现象。孕畜流产。病情逐渐恶化，如不进行治疗，最后极度衰弱而死亡。抗生素治疗无效（图2-6）。

图2-6 病牛消瘦

（二）病理变化

动物死后剖检时，若在肝胆管内、胰管内、肠系膜静脉血管内发现虫体，即可确诊（图2-7）。

图2-7 发现虫体

（三）防治方法

（1）科学放牧。在本病流行地区，应尽量选择在高海拔、干燥地带建立牧场和放牧。

（2）预防性驱虫。最好一年内进行秋末冬初和冬末春初时期的2次全群预防性驱虫。

（3）消灭中间宿主。可用物理法、化学法、生物法杀灭螺体。

（4）隔离传染源。对病畜和人应及时驱虫治疗。人、畜粪便应尽量收集起来，进行生物热处理以消灭其中的虫卵。

六、牛血吸虫病

（一）临床症状

本病是由日本分体吸虫寄生于人和牛、羊等门静脉系统的小血管内而引起的一种人畜共患寄生虫病（图2-8）。

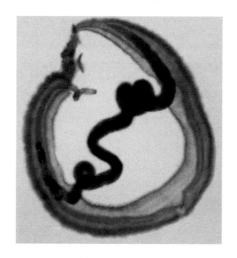

图2-8　血吸虫

犊牛症状较重，成年牛较轻。本病的传染源是受血吸虫感染的牛、羊、猪、犬等家畜和野生动物以及血吸虫病人。临床上表现为急性型和慢性型2种。

1. 急性型

本病使体温可升高达40℃以上，呈不规则的间歇热，也有的呈稽留热。病牛食欲减退，精神迟钝。急性感染20天后发生腹泻，排出物多呈糊状，夹杂有血液或黏液团块。严重贫血，消瘦，虚弱无力，起卧困难。如饲养管理不好，逐渐恶化，最后死亡。在饲养管理好的情况下，一般转为慢性型。

2. 慢性型

本病一般对食欲和精神影响不大，有的带有腹泻或血便。由急性型转为慢性型的牛，表现精神不振，被毛粗乱，畏寒，极度瘦弱。奶牛产奶量降低，母牛不发情、不孕和流产等现象较为普遍。犊牛经过反复轻度感染，长期营养不良，骨骼发育迟缓而形成侏儒牛（体躯矮小）。

（二）病理变化

肝脏表面或切面上可见粟粒大或高粱米粒大小灰白色或灰黄色结节。肝脏肿大或萎缩、硬化。直肠黏膜有小溃疡、瘢痕及肠黏膜肥厚。门静脉及肠系膜静脉内可找到虫体。

（三）防治方法

1. 预防

（1）堆沤、发酵处理家畜粪便，达到既杀灭虫卵又保存肥效的目的。

（2）消灭中间宿主钉螺，主要措施是生物灭螺、药物灭螺和利用兴修水利设施改变螺蛳生存环境灭螺等方法。

（3）搞好环境卫生，严禁家畜与含虫卵的污水接触。

（4）每年血吸虫流行季节将湖滨地区的家畜移至山区、丘陵地区或无螺草滩、高地等处放牧。奶牛、犊牛和妊娠牛应舍饲。

（5）没有治好的病牛不能调出，不到疫区买牛。

2. 治疗

用吡喹酮，按每千克体重30 ~ 40mg 1次口服，或按每千克体重30mg肌内注射。

七、牛球虫病

（一）临床症状

球虫病是畜牧生产中重要和常见的一种寄生虫病，分布极广，为害很大。牛球虫病以出血性肠炎为特征。主要发生于犊牛，可导致死亡。

犊牛发病多为急性。潜伏期2~3周。病程10~15天。病初，病牛突然减食，精神沉郁，体温一般正常。以出血性肠炎为主要特征，即排出的粪便表面附有数量不等的鲜红色血液和血凝块。随着病程的延长，精神更沉郁，呆立，毛竖立，食欲废绝，反刍停止，瘤胃蠕动差。排出带血稀粪便，有恶臭味。约经1周后，体温可达40~41℃，粪便呈黑色，并不断从肛门流出。后因极度贫血和衰竭而死亡。慢性者多在发病后3~5天逐渐好转，但持续存在腹泻和贫血症状。病程可延绵数月，也可因高度贫血和消瘦衰竭而死亡。

（二）病理变化

本病主要为直肠、大肠和盲肠有出血性炎症及坏死灶（图2-9）。

图2-9　牛结肠黏膜充血、出血，有较多黏糊状红色内容物

（三）防治方法

1. 预防

采取隔离、治疗、消毒的综合性措施。成年牛多为带虫者，应与犊牛分开饲养，放牧场也应分开。牛舍及放牧场应进行清洁、消毒。常用的消毒药是4%碱溶液及0.5%过氧乙酸溶液。粪便应堆积发酵或用消毒药消毒。同时可进行药物预防。可以添加的药物有：氨丙啉，按0.004%～0.008%的浓度添加于饲料或饮水中口服，连用21天；莫能菌素，按每千克饲料中添加0.03g，连用33天，既能预防球虫病，又能提高饲料报酬。

2. 治疗

（1）磺胺药[磺胺二甲嘧啶（SM₂）、磺胺间甲氧嘧啶（SMM）、磺胺喹噁啉（SQ）等]，可抑制球虫病的发展，减轻症状。磺胺间甲氧嘧啶，犊牛每天口服100mg/kg体重剂量，连用2天，配合使用酞酰磺胺噻唑（PST）效果更佳。磺胺喹噁啉，按0.1%饲料比例连喂3～5天。

（2）氨丙啉，每天以20～25mg/kg体重剂量口服，连喂4～5天。

（3）鱼石脂20g，乳酸2mL，水80mL，混合后，每天灌服2次，每次一茶匙，连服3天（犊牛）。

（4）对症状严重的病牛，除口服上述药物外，还必须采取对症疗法，如输液、补糖、强心等。

八、牛弓形虫病

（一）临床症状

由龚地弓形虫引起的人畜共患原虫病。在人、畜及野生动物中广泛传播，多为隐性感染，但也有出现症状以及死亡的（图2-10）。

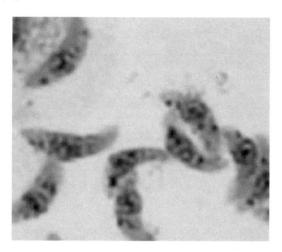

图2-10　显微镜下的弓形虫

终宿主猫是人、畜弓形虫病的主要传染源。通过猫粪中卵囊所污染的饲料、饮水经口感染，或通过家畜的肌肉、脏器、蛋、乳等经消化道感染以及伤口、呼吸道感染。

以卵囊人工感染牛的病例，潜伏期2～6天。体温升高，稽留热，达40～42℃。呼吸困难，咳嗽，流鼻液。皮肤有紫斑，耳尖坏死，厌食，初期便秘，后期腹泻。体表淋巴结肿大，身体下垂部分水肿。少数病牛有神经症状，共济失调，孕牛流产。犊牛呼吸困难，咳嗽，发热，震颤，摇头，精神沉郁和虚弱，常于2～6天死亡。母牛发生厌食，腹泻，精神沉郁，产奶量明显下降或发生乳房炎，或出现神经症状而死亡。公牛出现厌食、精神委顿、运动失调、卧地、咀嚼、磨牙和踏车样运动，1周后死亡。分别从病牛的各主要组织脏器（肝、脾、肺、脑等）及其初乳中发现虫体。我国也有牛弓形虫病流行的报道，主要侵袭放牧牛群，出现稽留热，淋巴结肿大，视网膜炎，呼吸困难，共济失调和衰竭等症状。

（二）病理变化

急性病例呈全身性病变。淋巴结、肝、肺和心脏等肿大，有许多出血点和坏死灶。肠管严重充血，黏膜上可见扁豆大坏死灶。肠腔和腹腔内有多量渗出液。慢性病例可见各脏器水肿，有散在坏死灶。

（三）防治方法

1. 预防

防止饮水、饲料被猫粪污染。畜牧场禁止养猫。保持厩舍、运动场清洁、干燥，扑灭老鼠，经常定期消毒。对牛群定期进行血清学检查。牧场工作人员要注意自身保护。

2. 治疗

（1）磺胺嘧啶（SD）、磺胺间甲氧嘧啶（制菌磺）按30～50mg/kg体重·天，1次静脉注射，配合使用增效抑菌剂或甲氧苄氨嘧啶（TMP），按10～15mg/kg体重·天，效果更好。

（2）磺胺对甲氧嘧啶（SMD），按30～50mg/kg体重·天，静脉注射，连用3～5天。

（3）磺胺对甲氧嘧啶，按30mg/kg体重和甲氧苄氨嘧啶，按10mg/kg体重，口服，每天1次，连用3～5天。

九、消化道线虫病

（一）临床症状

本病是由多种线虫混合寄生在牛胃肠里所引起的一种寄生虫

病。寄生在消化道内的线虫种类很多，主要的有毛圆科线虫、食道口线虫、夏柏特线虫、仰口线虫和毛首线虫等。其中，为害性最大的是捻转血矛线虫（图2-11）。

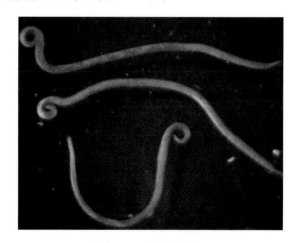

图2-11　消化道线虫

各种线虫发育史大致相同，都属直接发育。均寄生在牛胃肠内产卵，随粪便排出，在适宜条件下，一昼夜内孵出幼虫，1周内经2次蜕化而成侵袭性幼虫。牛放牧吃草和饮水吞入侵袭性幼虫而被感染，经3～4周发育为成虫。

病牛精神不振、食欲减退、贫血、消瘦，腹泻与便秘交替出现。食道口线虫为害为主时，则为顽固性下痢，粪便黑绿色，黏液多，有时带血，拱背，翘尾，频频排尿。毛首线虫危害为主时，则为黑便、蹄痒、下颌、颈下、前胸和腹下水肿，全身虚弱可导致死亡。必要时可进行剖检确诊。

（二）病理变化

病牛极度消瘦，被毛枯焦无光泽，皮肤松弛，肋骨外露，尾根和后躯被粪便污染，可视黏膜苍白，眼球下陷。切开皮肤，血液稀薄，皮下组织干燥，心脏冠状沟有黄色胶样浸润，肝呈土黄色，胆囊充盈，内有大量的暗绿色胆汁，脾脏萎缩，脾髓易刮落，膀胱充盈，内有大量黄色的尿液，肾脏被膜易剥离，色稍黄。真胃黏膜变薄易脱落，散布有针尖大小的出血点。整个肠道内有大量且混有气体的液体样内容物，味臭，肠壁变薄，偶见有少量的腹腔液，部分消化道内可见有大小和颜色不同的线虫。如继发其他疾病，其他脏器和组织可见不同的病变。

（三）防治方法

1. 预防

（1）加强饲养管理，增强牛的抵抗力。同时，注意不在低洼地方放牧，力争做到饲草和饮水讲究卫生。

（2）定期驱虫。春、秋季各进行1次。同时，注意粪便堆积发酵，消灭虫卵和幼虫。

2. 治疗

（1）左旋咪唑，每千克体重8mg，1次口服或配成5%溶液进行皮下注射或肌内注射。

（2）敌百虫，每千克体重0.04~0.05g，1次灌服；或每千克体重0.02~0.04g配成5%~10%溶液肌内注射。

（3）阿福丁（虫克星）每千克体重0.2mg，1次口服（片剂）或皮下肌内注射。

（4）伊维菌素（害获灭）每50kg体重1mL，皮下注射。

第三章
牛的普通病

一、骨折

（一）临床症状

骨骼发生破裂或断离时称为骨折。

四肢骨折时，突然出现高度跛行，患肢不能负重，完全骨折时更明显。

患肢变型出现弯曲、缩短、外向、内向、前踏、后踏等现象。运动时，其断端可左右前后转动。并出现局部肿胀、疼痛反应。粉碎性骨折因断端互相摩擦可出现骨摩擦音（图3-1）。

图3-1　骨折引起的左后肢趾关节肿大、变形

（二）发病原因

常伴有周围组织不同程度的损伤，是一种严重的外科病。多因暴力所致，如外力打击、角斗、跨越沟渠或下水滑跌等均可能造成骨折。另外，牛因某些疾病如佝偻病、软骨病、骨髓炎等，在受到较轻的外力情况下也可发生骨折。

（三）防治方法

骨折主要是由于意外所造成，因此，平时只要加强管理，合理使役，注意放牧等就可避免发生。发生骨折时，应就地急救，防止休克和止血，然后可按整复、合理固定和适当锻炼三步骤进行。

整复（复位）：弄清骨折情况，尽早整复为宜。一般在1～3小时患部处于麻痹状态有利于推、拉等方法复位。

固定：复位后可用石膏绷带或用其他夹板（如杉木皮、竹片等）固定。接骨药可用黄蜡500g，乳香、没药各200g，血竭100g融化成膏均匀地涂满患部，然后用绷带捆紧。

适当锻炼：一般在治疗3～4周就可开始牵引运动，以后适当轻度劳役，以利早日康复。

二、关节炎

关节炎是指犊牛关节囊和关节腔各组织的炎症。常见于腕关节、跗关节、膝关节和球关节。

（一）临床症状

不同病原引起的关节炎疾病，临床症状略有不同。典型症状：关节肿大、变形，牛站立时，患肢屈曲，不能负重，蹄悬空或以蹄尖着地；运动时出现跛行，严重时犊牛起卧困难。

支原体关节炎：支原体引起的急性关节炎病例伴有发热症状，慢性关节炎病例则发展为腱鞘炎和黏液囊炎。典型症状是四肢所有关节明显肿大，以跗关节和腕关节最为明显，关节僵硬，触诊有痛感，步态迟缓，不愿行走；体温升高至39.5～40℃，拱背，消瘦；有的病牛有腹泻症状，有的病牛出现神经症状（兴奋或转圈），有的病牛出现结膜炎（图3-2）。

图3-2　关节肿大

大肠杆菌性关节炎：主要症状是关节肿大，体温升高。发病初期病牛精神沉郁，食欲减退，体温39.6～40.7℃，不愿行走，球关节、腕关节、跗关节发热、肿大、质硬、疼痛；发病后期体温正常，关节明显肿大，触摸有波动，食欲废绝，消瘦，喜卧，有些病犊牛卧地后呼吸微弱、颈部抽搐，后肢划动，甚至失明。

（二）发病原因

本病引起犊牛关节炎的病原比较多，有支原体、大肠杆菌、沙门菌、化脓隐秘杆菌、链球菌等。较为常见的为支原体、大肠杆菌。有报道，大肠杆菌和变形杆菌混合感染造成的关节炎也很严重。饲养环境差、产房不洁、脐带感染是重要的诱发因素。另外，场地湿滑，犊牛关节炎也可因关节外伤、扭伤或挫伤等机械性损伤而引起。

（三）防治方法

1.预防

防止脐带炎发生是预防关节炎发生的关键。犊牛出生时应加强助产消毒，防止感染。产房要干净、干燥；犊牛出生后一定要做好脐带处理，加强哺乳用具的清洁，消毒；粪尿及时清除，保证清洁卫生。发病后，隔离病犊牛，立即对产房、犊牛圈舍、犊牛床和运动场严格消毒。

2.治疗

关节炎的治疗要及时，否则，预后不良。

支原体关节炎：无特效药物。对症治疗的原则是消炎、抑菌，可使用青霉素、链霉素、四环素肌内注射或静脉注射。全身采用5%葡萄糖生理盐水、20%葡萄糖溶液、氟尼辛葡甲胺0.25~0.5mg/kg体量，静脉注射。

大肠杆菌关节炎：治疗原则是抗菌、消炎、补液、补碱，可选用广谱抗生素如金霉素、四环素、庆大霉素等；5%葡萄糖生理盐水1 000mL、25%葡萄糖溶液200mL、四环素100国际单位，一次静脉注射，每天2次，连续注射3天；5%葡萄糖生理盐水1 000mL、10%安钠咖5mL、5%碳酸氢钠溶液100mL，一次静脉注射，每天1~2次。

三、软骨症

（一）临床症状

本病是成年牛由于饲料、饮水中缺磷而引起钙、磷代谢紊乱所引起的一种慢性病。其特点是骨骼软化变形，疏松易碎。各种家畜都可发生，常见于奶牛、黄牛，水牛则较少发生。

常表现为异食癖，喜舔墙壁、泥土，喝粪尿及污染物等。随着病情发展，身体逐渐消瘦，骨骼变形，表现为拱背凹腰，四肢关节肿大，后肢发软，步态摇摆，站立时四肢屈曲、骨盆变形、左右常不对称，触摸尾巴柔软，可似绳样缠绕弯曲，病重时躺卧不愿起立，常因久卧形成褥疮和后肢麻痹，最后衰弱或继发其他疾病而死亡（图3-3）。

图3-3 不愿站立

（二）发病原因

发病原因主要是饲料中钙、磷不足或是钙、磷比例失调。正常饲料中钙、磷比例以1.5：1或2：1为最合适，如果钙、磷比例过高或过低时，都会发生代谢紊乱，引发本病。此外，母牛妊娠或在产奶盛期消耗多而得不到及时补充以及维生素D不足等也可引起本病发生。

（三）防治方法

从改善饲养着手，合理调配饲料中钙、磷比例。通常对壮年的经产和高产奶牛补充骨粉、碳酸钙、磷酸钙，每天0.2～0.3kg。对一般病牛，也可补充骨粉和麸皮等含磷饲料，都可预防本病的发生。此外，还应注意补充维生素。对现症病牛治疗，可用20%磷酸二氢钠300～500mL或3%次磷酸钙1 000mL，静脉注射，特别是次磷酸钙对那些卧地爬不起来的母牛有明显效果。为了防止低钙血症，可静脉注射10%的氯化钙200mL或20%的葡萄糖酸钙注射液400mL。

四、佝偻病

（一）临床症状

病牛异嗜，消化紊乱，跛行，喜卧地，不愿起立和运动。两前肢腕关节向外侧方凸出，使两前腿呈内弧圈状弯曲，两后肢跗关节向侧方内收，呈"八"字形站立，脊柱变形，多呈上凸的拱背姿势。四肢关节肿大，尤以腕关节和跗关节更为明显。幼畜换牙常延缓，生长缓慢或停止（图3-4）。

（二）发病原因

本病是犊牛发育时期钙、磷代谢障碍所引起的一种慢性病。主要发生于刚出生后或断奶不久的幼畜。冬季舍饲阳光照射不足更易引发本病。原因主要是维生素D不足和饲料中钙、磷不足，或饲料中钙磷比例配合不当，也有的是饲料过于单纯或消化紊乱，使钙、磷和维生素D的吸收发生障碍。维生素D对于钙、磷的吸收，血液中钙、磷的平衡和促进骨骼的钙化有直接作用，因而维生素D不足能使骨的钙化不良或停止，钙、磷的利用率降低，使骨骼的生长缺少原料，长得不硬，故又称软骨症。

图3-4　牛佝偻病

（三）防治方法

（1）预防幼畜发生本病的重要措施首先是要改善母牛的饲养管理，充分给予日照。

（2）让病畜在温暖无风处多晒太阳。注意在青草和饲料中加喂适量骨粉、钙剂，如磷酸钙或乳酸钙、丁维葡萄糖钙粉等。也可用鸡蛋壳炒黄研末，加入饲料中。将钙磷比例调整为2∶1。

（3）口服鱼肝油，每日2次，每次3～10mL。

（4）肌内注射骨化醇（维生素D_2）200万～400万国际单位，

隔天1次，3～5次为1疗程，也可用维丁胶性钙，每次5～10mL，肌内注射，效果都比较好。

五、腐蹄病

（一）临床症状

腐蹄病是指趾间皮肤及深层组织的急性或亚急性炎症，并造成皮肤裂开甚至坏死，常向上蔓延到蹄冠、系部及系关节。

（1）频频提举患肢，患蹄频频敲打地面，站立时间缩短，不愿负重，运步疼痛，跛行。

（2）趾间皮肤红肿、敏感，甚至破溃、化脓、坏死；蹄冠呈红色或紫红色，肿胀、疼痛。

（3）深部组织、腱韧带、蹄、冠关节坏死感染时，会形成脓肿或瘘管，流出微黄色或灰白色恶臭脓汁（图3-5、图3-6）。

图3-5　蹄叉溃疡、化脓　　　　图3-6　蹄组织形成脓肿

（二）发病原因

（1）细菌感染。坏死杆菌是引发腐蹄病的主要病原体。

（2）饲养管理不当。日粮中钙、磷不平衡，牛蹄长期被粪、尿、污水浸渍，蹄部受伤感染化脓，都是诱因。

（三）防治方法

1. 预防

保持圈舍清洁干燥，定期用10%硫酸铜浴蹄。

2. 治疗

（1）全身疗法。如体温升高、食欲减退，或伴有关节炎症，可用磺胺、抗生素治疗。青霉素500万国际单位，一次肌内注射；10%磺胺嘧啶钠150～200mL，生理盐水500mL，一次静脉注射，每日1次，连续注射7天；5%碳酸氢钠500mL，一次静脉注射，连续注射3～5天。

（2）局部治疗。在掌部或跖部做局部封闭，用0.25%普鲁卡因20mL、青霉素400万国际单位、地塞米松10mg，分点注射到皮下。

（3）削蹄、修蹄。用消毒液清洗后，在创口内撒高锰酸钾粉，蹄外绑绷带，将病牛置于干燥圈舍内饲养。

六、鼻出血

（一）临床症状

临床上鼻出血多为少量出血，仅以带血的浆液性鼻液形式自鼻孔流出，或者是大量全血急促地自两鼻孔流出。单纯性鼻黏膜损伤，出血常呈持续性，血液新鲜，不混有腐败组织及脓汁；若是鼻腔新生物及副鼻窦出血，常呈间断性，且混有腐败组织及脓汁等杂物；小血管出血时，出血时间短暂，可自行停止；如果是大血管出血，则血量多而且不断涌出。如果是植物中毒引起出血

时，多为双侧性鼻出血，而且，可视黏膜和皮下也常有出血现象
（图3-7）。

图3-7　牛鼻出血

（二）发病原因

本病是指由各种原因所引起血液从鼻腔流出为特征的疾病。
致使鼻出血的原因很多，但常见于鼻黏膜遭受机械性损伤时，如
粗鲁地使役、役牛穿鼻以及鼻栓磨损，异物刺伤鼻腔，水蛭寄生
损伤鼻黏膜等；鼻黏膜炎症、溃疡过程中亦可导致鼻出血；此
外，全身出血性疾病如炭疽、蕨中毒等也可发生鼻出血。

（三）防治方法

预防本病主要是在机械性损伤方面，如穿鼻后暂时制止头部
运动（固定在栏内，暂停放牧、使役等），鼻栓不适合者，须立
即更换。

本病治疗取决于病因，鼻黏膜创伤引起的少量出血，一般不

需治疗，宜使动物安静下来就可自行止血。对大量出血的，如其部位较深，应准确地进行局部填塞止血，一般常用1%的明矾或肾上腺素溶液浸湿的纱布条填塞，同时，注射止血剂，如安络血每次5~20mL，或止血定每次10~20mL，肌内注射，效果都较好。如果怀疑或是水蛭寄生鼻道而引起鼻出血时，可用蜂蜜或食醋注入鼻腔深部，使水蛭自行游出。如果是由其他疾病引起的出血，必须针对病因进行治疗。若是法定传染病，应禁止治疗，必须捕杀作无害化处理。

七、瘤胃积食

（一）临床症状

牛是复胃动物，有4个胃：分别是瘤胃、网胃、瓣胃、皱胃（又称真胃）。瘤胃积食又称为急性瘤胃扩张，是牛贪食大量粗纤维饲料或容易臌胀的饲料引起瘤胃扩张、瘤胃容积增大、内容物停滞和阻塞以及整个前胃机能障碍，形成脱水和毒血症的一种严重疾病。

（1）有过食饲料特别是易膨胀的食物或精料的病史。

（2）食欲废绝，反刍停止：视诊，腹围增大，特别是左侧后腹中下部膨大明显，有下坠感。听诊，瘤胃蠕动音减弱或消失，持续时间短。触诊，瘤胃内容物坚实或有波动感，拳压留痕。叩诊，瘤胃中上部呈半浊音甚至浊音。

（3）排粪及粪便：排粪迟滞，粪便干、少、色暗，呈叠饼状乃至球形；部分牛排恶臭带黏液的粪便，可见未消化的饲料颗粒。

（4）全身症状明显：皮温不整，鼻镜干燥，口腔有酸臭味或腐败味，舌苔黏滑，心跳、呼吸加快，甚至呼吸困难（图3-8至图3-11）。

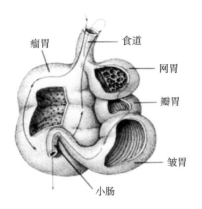

图3-8　牛的四个胃

瘤胃　食道　网胃　瓣胃　皱胃　小肠

图3-9　拳压留痕

图3-10　犊牛异食大量垫草

图3-11　便干、少、色暗

（二）发病原因

（1）贪食大量难消化、富含粗纤维的饲料（如甘薯蔓、花生蔓等）。

（2）突然更换可口饲料。

（3）偷吃易膨胀饲料（如成熟前的大豆、玉米棒）。

（4）不按时饲喂，过度饥饿后一顿饱食。

（5）继发于前胃弛缓、瓣胃阻塞、创伤性网胃炎及皱胃积食等疾病。

（三）防治方法

过食精料5kg左右者必须在1～2天实施瘤胃切开术或反复洗胃除去大量的精料之后才能与其他病例采用相同的治疗措施。

（1）加强护理。绝食1～2天，给予充足的清洁饮水（采食大量容易臌胀饲料者适量限制饮水）。

（2）增强瘤胃蠕动机能，排出瘤胃内容物。

①洗胃疗法：用清水反复洗胃。

②按摩瘤胃：按摩瘤胃，每次20～30分钟，每日3～4次。

③泻下法：尽量用油类泻剂。

④兴奋瘤胃：与前胃弛缓相同。

⑤手术治疗：瘤胃切开术。

（3）止酵。可选用大蒜酊、95%酒精、松节油止酵。

（4）防止脱水和酸中毒。可选用葡萄糖、生理盐水、维生素C、5%碳酸氢钠注射。

八、皱胃阻塞

（一）临床症状

皱胃阻塞又称为皱胃积食，是由于迷走神经调节机能紊乱或受损，导致皱胃弛缓、内容物滞留、胃壁扩张而形成阻塞的一种疾病。

（1）右腹部皱胃区局限性膨胀隆起。

（2）触诊，皱胃区敏感、坚硬，瘤胃内容物充满或积有大量液体；冲击式触诊，有荡水音。

（3）听诊，瘤胃和瓣胃蠕动音消失。左肷部听诊，同时，叩诊左侧倒数第一至第五肋骨，可听到钢管音。

（4）排粪、排尿停止，用大剂量泻药无效。

（5）病的末期，病牛严重脱水，鼻镜干燥，但腹围依然膨大（图3-12、图3-13）。

图3-12　右腹部皱胃区膨胀隆起　　　图3-13　触诊有荡水音

（二）发病原因

1. 原发性皱胃阻塞

由于饲养管理不当而引起。

（1）春季长期用稻草、麦秸、玉米或高粱秸秆喂牛。

（2）饲喂麦糠、豆秸、甘薯蔓、花生蔓等不易消化的饲料或草粉得太细，同时，饮水不足。

（3）犊牛因大量乳凝块滞留而发生皱胃阻塞。此种阻塞，皱胃内积滞的多为黏硬的食物或异物，常伴发瓣胃阻塞和瘤胃积液。

2. 继发性皱胃阻塞

常见于腹内粘连、幽门肿块和淋巴肉瘤等，导致血管和神经损伤，这些损伤可引起皱胃神经性或机械性排空障碍。此种阻塞，皱胃内积滞的多为稀软的食糜，多数不伴有瓣胃阻塞。

（三）防治方法

治疗原则：加强护理，消积化滞，缓解幽门痉挛，促进皱胃内容物排出，增强全身抵抗力，对症治疗。

1. 预防

（1）加强饲养管理，保证饮水充足（特别是天气炎热时），合理配合日粮，特别要注意粗饲料和精饲料的调配；使用酒糟喂牛时，每日饲喂量不可超过日粮的30%。

（2）饲草不能铡得过短，精料不能粉碎过细。

（3）注意清除饲料中的异物，避免损伤迷走神经。

2. 治疗

（1）按摩。用木棒抬压按摩有一定疗效。

（2）消积化滞，排出皱胃内容物：早期可用硫酸钠300～400g，植物油500～1 000mL，滑石粉、酵母粉各500g，常水6～10L，一次内服，如果再配合按摩其疗效更佳；以后每天灌油类泻剂，连用5～7天，并结合中药（同瓣胃阻塞）。

（3）补液强心，纠正自体中毒。

九、皱胃变位

（一）临床症状

本病是指皱胃从腹腔底部的正常位置移到腹腔左侧，置于瘤胃与左腹壁之间的一种变位。因病严重程度不同而差异很大，典型病例症状为间断性厌食，只吃干、青草，不吃精料，病牛消瘦，产奶量下降，粪便少呈糊状，深绿色，有时腹泻与便秘交替发生。瘤胃蠕动减弱，是由于瘤胃被压而离开腹壁移向中央，因此，左肷部外观明显下陷，而左腹壁第十一肋弓下方由于皱胃气胀性扩张，呈明显不对称膨大，叩打其膨大部，出现特征性的高朗的鼓音（图3-14）。

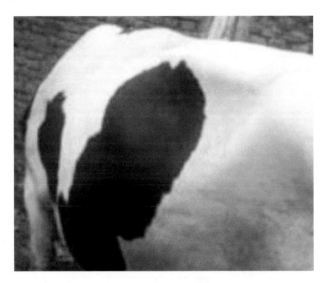

图3-14　左方变位，左腹肋弓部隆起

（二）发病原因

本病常见于成年奶牛，多发生于分娩之后，也有少数发生于分娩前3个月至1天。一般认为分娩是最常见的诱因，由于子宫妊娠后，其胎儿逐渐增大，沉重，并逐渐将瘤胃从腹腔底部抬起，皱胃则从瘤胃下面挤向前方。而当母牛分娩时，胎儿娩出，重力突然解除，使瘤胃恢复原位而下沉，压住游离的皱胃，置于左腹壁与瘤胃之间。本病的发生与皱胃弛缓也有关。分娩努责、子宫炎、生产瘫痪，脓毒性乳房炎、酮病等均可导致皱胃弛缓，引起皱胃变位。

（三）防治方法

根据病因，预防皱胃弛缓，并注意分娩前后的饲养管理，在妊娠后期喂以大量饲草，保证舍饲母牛每天运动，临近分娩时应尽一切努力，限制饮食变化，在一定程度可减少本病发生。最简便的疗法是采用滚转疗法，将病牛仰卧地上（背部着地，四肢朝天），以背为轴心，先向左滚转45°，回到正中；然后向右滚转45°，又回到正中。如此来回左右摇动3～5分钟，并用手从左至右按摩皱胃前部，令牛起立，可使皱胃复位。但也有少数病牛难以见效，必须采取手术疗法。

十、瓣胃阻塞

（一）临床症状

瓣胃阻塞又称为瓣胃秘结，主要是因前胃弛缓，瓣胃收缩力减弱，瓣胃内容物滞留，水分被吸收而干涸，致使瓣胃秘结、扩张的一种疾病。

鼻镜干燥、龟裂；瓣胃蠕动音微弱或消失；粪便干、小、硬、少，算盘珠样，表面覆黏液，落地有弹性，色暗；后期不排粪，用大剂量泻药无效，有时仅排出少量夹杂干层状粪

图3-15　粪便干、小、硬、少

的粪水。直肠检查，肠管空虚、肠壁干燥或附有干涸的粪便。触诊，瓣胃敏感、增大、坚实、向后移位（图3-15）。

（二）发病原因

（1）长期饲喂粉渣类饲料（米糠、麸皮、粉渣、酒糟等）或含泥沙食物（花生蔓、甘薯蔓等）。

（2）长期采食粗硬、不易消化的饲料，缺乏青绿饲料、饮水。

（3）长途运输、饲养管理不当。

（4）继发于前胃弛缓、皱胃阻塞、网胃炎、皱胃溃疡等。

（三）防治方法

1. 预防

（1）避免长期饲喂混有泥沙的糠麸、糟粕饲料。

（2）适当减少坚硬的粗纤维饲料。

（3）铡草喂牛，但不宜铡得过短。

（4）注意补充蛋白质与矿质饲料。

（5）发生前胃弛缓时，应及早治疗，以防止发生本病。

2. 治疗

本病的治疗非常困难，重在预防。

（1）早期一般按前胃迟缓治疗。

（2）泻下，必须配合补液。

①口服泻药：疾病初期，硫酸钠400～600g、常水5L，一次内服。但可能引发瘤胃积液。

②瓣胃注射。

③手术疗法：切开瘤胃，冲洗瓣胃，治愈率较高。

十一、肺炎

（一）临床症状

病初精神沉郁，呼吸急促，疼痛性干咳，口渴，黏膜发绀，随着病情加重，体温升高到40℃以上，通常呈弛张热型，呼吸更加急促，食欲大减或废绝。心跳脉搏常随着体温变化而变化，当体温升高，心跳（脉搏）加快，每分钟可达100左右；体温下降，心跳（脉搏）减弱，呈阵发性咳嗽，病重时由粗大转为低沉。叩诊胸部时，可引起疼痛性咳嗽。流出的鼻液常为黏性，如发生肺坏疽，则鼻液为脓性，且恶臭。

听诊肺泡呼吸音减弱，病初有湿啰音，病重时可出现支气管呼吸音，叩诊肺部可出现局限性浊音区（图3-16）。

图3-16　病初精神沉郁

（二）发病原因

本病主要是由于气候骤变、冷热不和而致感冒所引起个别小叶或小叶群的肺泡及其相连接的细支气管发炎的一种疾病。各种家畜均可发生，秋、冬季发生较多。

本病常有细菌感染。有些传染病如流行性感冒或寄生虫病如肺丝虫等也可继发。

（三）防治方法

（1）加强饲养管理，预防感冒。

（2）患牛应停止役用，安静休息，保持栏舍通风，供给易消化的草料和洁净的饮水。

（3）治疗本病时，特别是慢性病例，麻黄碱有较良好的疗效，每次皮下注射0.05 ~ 0.3g，如同时肌内注射青霉素400万单位和硫酸链霉素2g，每天2次，连续5 ~ 7天，效果更好，或用卡那霉素15mg/kg体重，一次肌内注射，每日2次，或用四环素，5 ~ 12mg/kg体重，1次静脉注射，每日2次。可根据病牛全身状况，采取强心利尿，补液等措施，配方是5%的葡萄糖生理盐水1 000mL、25%的葡萄糖500mL、10%的水杨酸钠溶液100mL、40%的乌洛托品20 ~ 30mL，20%的安钠加10mL，一次静脉注射。

十二、肠炎

（一）临床症状

肠炎指肠道黏膜及肌层的重剧性炎症过程。

（1）全身症状明显，精神沉郁，体温升高（40℃以上），脉搏增快（100次/分钟以上），呼吸加快。可视黏膜色泽改变（潮红、黄染、发绀）。机体脱水明显。

（2）食欲废绝，初期粪便干燥，后期腹泻，结膜黄染，常提示为小肠炎症。反之腹泻出现早，腹泻明显，并伴有里急后重现象，或肠音亢进，而食欲轻微减弱、口腔湿润、脱水迅速，为大肠炎症。

（3）血液学检查：红细胞数增多，红细胞压积增高；血液碱贮备下降，血液CO_2结合力降低（图1-17至图3-19）。

图3-17　小肠出血，肠壁变薄

图3-18　霉变的酒糟

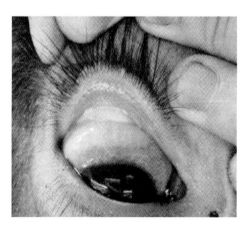

图3-19　结膜黄染

（二）发病原因

（1）饲养管理不当。饲喂霉烂变质的饲料；过多饲喂了精料。

（2）应激因素。长途运输、气候骤变等。

（3）滥用抗生素或磺胺类药。

（4）继发于牛出血性败血症、牛病毒性腹泻等传染病过程中。

（三）防治方法

（1）抗菌消炎。应用抗生素或磺胺类药物。

（2）缓泻、止泻。

①缓泻：当肠音弱，粪干、色暗或排粪迟缓，有大量黏液，气味腥臭时，灌服植物油500～1 000mL缓泻。

②止泻：当粪便如水，频泻不止，腥臭气不大，不带黏液时，灌服0.1%高锰酸钾1 000～3 000mL止泻。

（3）强心补液。10%葡萄糖注射液1 000mL、10%葡萄糖酸钙注射液300～400mL、25%维生素C注射液30mL，一次静脉注射。

（4）对症疗法。

①酸中毒：5%碳酸氢钠注射液250～500mL，静脉注射。

②出血：肌内注射安络血、止血敏、维生素K_3等。

③恢复胃肠功能：用健胃药物（胃蛋白酶、乳酶生等）。

十三、乳腺炎

乳腺炎是指乳腺组织发生炎症。乳腺炎是奶牛最常见，也是造成奶牛业经济损失最严重的一种病症。根据症状和乳汁的变化，可分为临床型乳腺炎和亚临床型乳腺炎。

（一）临床症状

临床型乳腺炎奶牛的典型临床症状是乳房肿胀、发红和疼痛。根据临诊症状和乳汁的变化特点，可以把临床型乳腺炎分为轻度、中度、重度3个等级。轻度乳腺炎（一级）是指只有牛奶的性状发生变化（如颜色变化、凝块、变黏稠）；中度乳腺炎（二级）指乳汁发生变化的同时，伴随乳房病变，如红肿、出现硬块等；重度乳腺炎（三级）是指乳汁、乳房出现病变且发现牛体本身发生了变化，如精神沉郁、食欲缺乏、体温升高等。亚临床型乳腺炎症状不明显，牛奶、乳房以及奶牛本身都没有任何可观察到的病理变化，只能通过体细胞数这一指标进行排查。另外，牛奶抽样培养可能发现细菌生长（图3-20至图3-23）。

图3-20　乳房肿胀、发红

图3-21　乳房肿胀

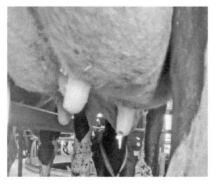

图3-22　乳汁性状改变，变黏稠

图3-23　乳汁性状改变，变絮状

（二）发病原因

奶牛乳腺炎具有发病率高、发生范围广等特点。其发生通常是多种因素相互作用的结果，这些因素包括传染性微生物的存在、奶牛乳房的生理结构、环境污染以及挤奶设备调节不适当或者意外事故造成的乳房外伤等。

1. 病原微生物

病原微生物是引发奶牛乳腺炎的主要致病因素，包括接触传染性病原微生物（如金黄色葡萄球菌、无乳链球菌、停乳链球菌、支原体等）、环境型病原微生物（如大肠杆菌、产气肠杆菌、变形杆菌等）及其他病原微生物，真菌（如念珠菌属、毛孢子菌、酵母样芽孢菌、胞浆菌属以及梭状芽孢杆菌等）也可引发奶牛乳腺炎。造成临床乳腺炎的病原菌可分为主要病原菌和次要病原菌，主要病原菌有无乳链球菌、金黄色葡萄球菌、停乳链球菌、乳房链球菌、大肠杆菌、克雷伯菌、化脓链球菌、支原体、绿藻、酵母菌；次要致病菌有牛棒状杆菌、表皮葡萄球菌、凝固酶阴性葡萄球菌、微球菌属。

2. 奶厅管理

奶厅管理与乳腺炎发生有密切关系，主要因素如下：挤奶杯衬垫老化、密封不严、挂杯时间过长等导致的过挤现象，使得乳头孔外翻，乳头括约肌受损，增加乳腺炎的发病率。挤奶操作不严格，人工挤奶时不洗手、不消毒或不进行乳头药浴，机器挤奶时乳杯不清洗、不消毒或处理不彻底，挤奶中途脱杯无人再上杯导致乳房积奶等，均可引起奶牛发病。

3. 营养因素

常见因素有以下2种：其一，瘤胃酸中毒或亚临床瘤胃酸中毒造成的瘤胃内革兰阴性菌大量死亡而释放出内毒素，内毒素通过瘤胃壁吸收入血后随血液循环进入乳腺，引起炎症；其二，奶牛日粮中氮能不平衡，一般是能量相对不足，蛋白质相对较多，导致瘤胃降解蛋白质不能充分被瘤胃微生物利用，致使以尿素氮形式吸收入血，随血液循环到达乳腺或子宫，引起炎症。

4. 环境因素

如牛舍消毒不彻底，卧床垫料过湿、过少、不松软，卧床粪尿不及时清理，运动场泥泞、粪尿较多，奶牛久卧湿地，湿热浊气郁结，乳络不畅，气血凝滞，而发生乳腺炎。

（三）防治方法

1. 预防

奶牛乳房健康管理是贯彻牧场的整体性防治工作。在实际生产中，应以"防、治、养"相结合的原则，最大程度上减少奶牛乳腺炎的发生，主要内容如下。

（1）建立乳房健康管理目标，定期监测奶牛体细胞数和乳房状况。

（2）改善环境卫生管理，减少环境中的致病菌。

（3）规范挤奶操作流程，正确使用和维护挤奶设备。

（4）强化营养管理，提高奶牛自身防御力。

（5）有效的奶牛干奶程序，做好新产奶牛的健康管理。

（6）隔离并控制乳腺炎患牛，及时淘汰慢性感染和乳区严重破坏的奶牛。

2. 治疗

治疗是乳腺炎控制方案中重要的组成部分。及早发现乳腺炎患牛，并进行有效隔离对乳腺炎防治具有重要意义。最有效的治疗措施，以乳区为单位，针对病原菌进行治疗。目前，抗生素疗法主要包括乳池局部给药和全身系统抗生素给药。

（1）乳区内给药治疗。主要是通过乳区灌注抗生素进行治疗。乳区内给药的优点是可以直接作用于患病乳区，只需要较低浓度的抗生素即可在乳腺组织内达到较高的浓度。缺点是乳腺组织内分布不均匀，通过乳头管注入药物时可能导致感染，刺激乳腺组织，破坏巨噬细胞对致病菌的吞噬作用。乳区给药的抗生素剂型要求对乳腺组织的低刺激性、乳区分散性好以及与乳蛋白和乳腺组织蛋白的结合力较弱。乳区内给药的抗生素有2种：快速释放的抗菌药物（泌乳期）和长期缓慢释放的抗菌药物（泌乳末期和干奶期）。常用的抗生素有阿莫西林、氨苄西林、头孢氨苄、红霉素、新生霉素、喹诺酮、磺胺类药物、泰乐菌素、三甲氧苄胺嘧啶、阿莫西林-克拉维酸、林可霉素等。制剂剂型通常是水溶性盐类制剂。其次，乳区内给药时，必须做好卫生和消毒工作，挤净乳房内的乳汁和残余物。如遇脓液而不易挤出时，可先用2%～3%碳酸氢钠水溶液使其水化后再挤，消毒乳头孔后进行乳区给药，并对乳头进行药浴。

（2）全身给药治疗。全身给药方式包括肌内注射和静脉注射。全身给药很难在乳腺组织和牛奶中达到并长时间维持有效的药物浓度，需要大剂量才能有效，而通常推荐的剂量不足以达到疗效。

十四、妊娠毒血症

妊娠毒血症，又称母牛肥胖综合征、牛的脂肪肝和肥胖牛的酮病，是指由于干奶期或妊娠前母牛日粮能量水平过高，牛体过肥引起消化、代谢、生殖等功能失调的一种疾病。

（一）临床症状

临床症状可分为急性型和亚急性型。

急性型病牛：一般牛分娩而表现出症状。病牛精神沉郁，食欲减退或者废绝，瘤胃运动减弱，泌乳量减少或无乳。可视黏膜发绀、黄疸。体温高达39.5～40℃。步态不稳，目光呆滞，对外反应不敏感。伴发腹泻的病牛，粪便恶臭。药物治疗无效的病牛，多于发病后2～3天死亡。

亚急性型病牛：多在分娩3天后发病。病牛多伴发产后疾病，主要为产后酮病。表现为食欲减退或废绝，泌乳量减少，粪便干硬、量少，有的排出稀软粪便；尿液偏酸，有特殊的酮体气味，酮体检验呈阳性。伴发乳腺炎、胎衣不下、瘫痪的病牛，生殖道蓄积大量褐色、腐臭味恶露。药物治疗无效的病牛，卧地不起，最终衰竭死亡（图3-24）。

图3-24　妊娠前母牛

（二）发病原因

引起该病的直接原因是母牛摄食量超过了实际营养需求；主要原因有日粮不平衡，精料饲喂量过大、能量和蛋白质水平过高。此外，饲养管理不当，泌乳牛和干奶期母牛混群饲养，造成干奶牛营养过剩，也是造成母牛患该病的原因之一。

（三）防治方法

1. 预防

在牛的饲养管理过程中，控制精饲料投喂量，增加干草饲喂量，避免饲喂劣质饲料，防止干奶期母牛过肥，保证干奶期母牛健康。对肥胖牛、高产牛、胎次多胎儿偏大的牛，在分娩前可适当补充葡萄糖，防止妊娠毒血症的发生。同时，应加强母牛发情鉴定，适时配种，防止干奶期母牛饲养过久而肥胖，避免突然更换饲料和其他应激因素。本病可导致机体发生器质性变化，因此，治愈较困难。控制本病应以预防为主。

2. 治疗

（1）对食欲废绝和低血糖的病牛，可使用50%葡萄糖溶液500～1 000mL，静脉注射，每天1次。

（2）对血脂高的病牛，可使用50%氯化胆碱50～60g，口腔灌服；或者使用10%氯化胆碱溶液250mL，皮下注射，每天1次。

（3）对食欲减退的病牛，可使用复合维生素B溶液200～250mL，口腔灌服，每天2次。

（4）对酸中毒的病牛，可使用5%碳酸氢钠溶液500～1 000mL，静脉注射，隔天1次或每天1次。

（5）对黄疸的病牛，可使用硫酸镁300～500g，加水溶解，口腔灌服，每天1次，连用3天。

十五、子宫脱出

（一）临床症状

子宫脱出呈不规则的紫红色长圆形囊状物，严重脱出时可达到飞节部，脱出的子宫表面常附着尚未脱落的胎衣或海绵状母体胎盘。病牛起卧不安，频频努责。如母体胎盘擦破或损伤则常出血。脱出时间过长，则黏膜水肿，发亮，增厚而变成肉冻样，有时干裂。严重的往往与阴道一同脱出，而使尿道受压而出现排尿困难（图3-25）。

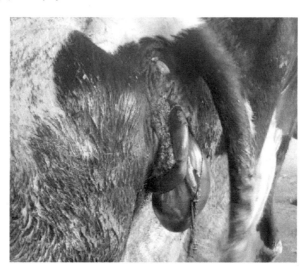

图3-25　牛子宫脱出

（二）发病原因

本病是母牛分娩或胎衣不下时努责过强，或助产时强拉胎儿等原因而引起子宫部分或全部翻出于阴门之外的一种疾病。一般在产后数小时内发生。

（三）防治方法

加强饲养管理，饲喂体积小、营养丰富的饲料，舍饲牛应适当增强运动；在产道干燥进行助产时，必须首先灌注大量润滑剂并缓慢拉出胎儿；产后母畜努责强烈时可内服白酒800～1 000mL或实行硬膜外腔麻醉，以抑制过强的努责，也可防止子宫脱出。

子宫脱出须及时进行手术整复。患牛站立保定，尾巴拉向一侧，用0.1%新洁尔灭溶液把脱出的子宫和后躯擦洗干净，如胎衣尚未脱落则先行剥离，如有出血则须止血，然后用消过毒的纱布包裹脱出的子宫，调好子宫方向，将拳头伸入子宫角凹陷中，顶住子宫角尖端，趁母牛不努责时用力向内推进。将一个子宫角推入阴户后，再推进另一个子宫角，把手尽量伸入腹腔内，使子宫恢复到正常位置。为了防止感染可同时送入青霉素粉剂4～5g。如病牛强力努责时可施行硬膜外腔麻醉后再整复，肌内注射2%静松灵2～4mL，以减轻努责。为了防止子宫再次脱出，整复后可进行阴户缝合。缝合后在交巢穴注射普鲁卡因青霉素油剂10mL，每天1次，静脉注射10%葡萄糖酸钙200～600mL，每天1次，一般5天后即可拆线而治愈。

十六、子宫内膜炎

子宫内膜炎是子宫内膜的炎症。根据黏膜损伤程度及分泌物性质的不同，可将其分为隐性、慢性卡他性、慢性卡他性脓性和慢性脓性子宫内膜炎4种。当奶牛无法完全清除子宫内的细菌时，引起子宫内中性粒细胞增加而形成炎症的一种慢性病。根据临床症状，将奶牛子宫内膜炎分为临床型子宫内膜炎和亚临床型子宫内膜炎。

（一）临床症状

隐性子宫内膜炎：阴道分泌的黏液增多，混浊或含有絮状物；子宫冲洗液有絮状物沉淀。

慢性卡他性子宫内膜炎：阴道内有少量混浊黏液，发情时流出的黏液混有絮状物；子宫角增粗，子宫壁肥厚质软；子宫颈口张开，子宫颈阴道部肿胀、充血；阴道内有混浊的或含有絮状物的透明黏液；牛屡配不孕或受孕后发生流产（图3-26）。

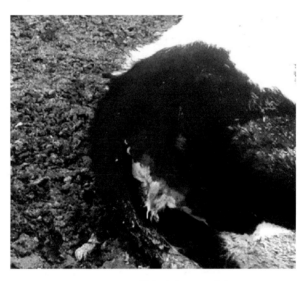

图3-26　阴道内流出混浊黏液

慢性卡他性脓性子宫内膜炎：牛食欲减退，精神不振，体温时有升高；阴道流出稀薄的污白色黏液或脓液，黏着于坐骨结节、尾根并结痂；子宫角增大、薄厚不均，卵巢上有持久黄体或有囊肿；子宫颈口张开，子宫颈阴道部充血、肿胀，有脓性分泌物；性周期紊乱，或长期不发情，或持续发情。

慢性脓性子宫内膜炎：阴道排出大量黏稠、灰白色或黄褐色脓性分泌物，恶臭；子宫角肥大，子宫壁肥厚不均，子宫颈阴道部充血、肿胀，有脓性分泌物；发情不规律或不发情（图3-27）。

图3-27　后恶露不尽

（二）发病原因

引起该病的直接原因是病原微生物的感染。常见的致病性微生物有大肠杆菌、化脓隐秘杆菌、坏死梭杆菌、链球菌、葡萄球菌、布氏杆菌、嗜血杆菌、白色念珠菌、酵母菌、放线菌、毛真菌、牛传染性鼻气管炎病毒、牛病毒性腹泻病毒、支原体等。奶牛子宫内膜炎的发生与异常生产（难产、双生、流产）、胎衣不下、产后子宫感染、激素水平失调、人为因素和营养不均衡等因素相关。

（三）防治方法

1. 预防

加强围产期母牛的饲养管理，减少产后疾病的发生，尤其是胎衣不下；加强分娩管理，减少产道损伤和感染；加强对产后母牛的监控，减少产后病的发生；及时治疗母牛全身疾病（如乳腺炎、酮病等），预防子宫内膜炎的发生。当出现病例时，应尽早治疗。

2. 治疗

（1）对无全身症状的子宫内膜炎病牛，可使用抗生素子宫灌注或向子宫投入抗菌药物栓剂、缓释剂等（如土霉素、四环素、青霉素、链霉素、金霉素或磺胺类药物）。

（2）对慢性及含有脓性分泌物的子宫内膜炎病牛，可使用碘溶液子宫灌注，取5%碘溶液20mL，加蒸馏水500～600mL混匀后，子宫灌入。

（3）对屡配不孕的子宫内膜炎病牛，可使用0.8%～1.0%的鱼石脂溶液子宫灌注，每次100mL，1～3次即可。

（4）对脓性子宫内膜炎，可使用青霉素200万国际单位、甲基脲嘧啶3g、鱼肝油5g、5%氨苯磺胺鱼肝油乳剂100g，子宫灌入，隔2天灌注1次；或使用10%呋喃唑酮鱼肝油悬液10mL，子宫灌注，每2天灌注1次；或使用前列腺素及其类似物，如肌内注射氯前列烯醇500μg。

十七、产后瘫痪

（一）临床症状

本病是母牛分娩后突然发生的一种急性代谢性疾病。有时产前也可发生。患牛轻症者能勉强站立，但走路摇摆不稳，后肢发软，精神沉郁，食欲减退，体温正常或稍偏低。重症者，卧地不起，精神沉郁，食欲、反刍停止，瞳孔放大。对各种刺激反应降低。头颈常向后弯至胸部，呈昏睡状态。体温下降，四肢下部冰凉。截瘫牛表现则为后肢无力，行走时后躯摇摆，起立困难或不能起立，但痛觉反应仍然正常（图3-28）。

图3-28　牛产后瘫痪，头颈常向后弯至胸部

（二）发病原因

本病主要特征是产后昏睡及四肢瘫痪，多表现为截瘫。本病常见于产奶量高的奶牛，黄牛和水牛较为少见。母牛怀孕期及产后泌乳消耗大量血钙，饲料中钙质不足或钙的吸收发生障碍，均可发生本病。本病多在产后2～3天发生，也有少数在产前或分娩几周后发病。

（三）防治方法

加强护理，注意防止褥疮发生。可采用下列方法治疗。

（1）乳房送风疗法。用乳房送风器或自行车打气筒向乳房内送入空气（但必须注意用纱布或棉花等物将空气过滤），待其胀满后用纱布条扎住乳头，经1～2小时解开纱布条，此法常用于奶牛，效果较好。

（2）短时间抑制泌乳，迅速补充钙、糖。可采用静脉注射

20% ~ 25%葡萄糖酸钙，溶液中加入4%的硼酸，牛1次用量400 ~ 500mL，必要时应重复应用。或静脉注射10%的氯化钙，牛1次用量200 ~ 250mL。最好两液混合缓慢静脉滴注，注意不可漏针。

（3）对于用钙剂、葡萄糖治疗无效的病牛，可肌内注射肾上腺皮质素（每千克体重用量0.6mg），或使用地塞米松，每次20mg，也可使用25mg氯化可的松2 000mL糖盐水静脉注射，往往可见效果。

十八、胎衣不下

（一）临床症状

胎衣不下是指母牛分娩后不能在正常时间内（12小时）将胎膜完全排出。

（1）部分胎衣不下。停滞的胎衣悬垂于阴门之外，呈红色→灰红色→灰褐色的绳索状，且常被粪土、草渣污染。

（2）全部胎衣不下。残存在母体胎盘上的胎儿胎盘仍存留于子宫内。胎衣不下会伴发子宫炎和子宫颈延迟封闭，且其腐败分解产物可被机体吸收而引起全身性反应（图3-29、图3-30）。

图3-29　牛胎衣不下　　　图3-30　牛胎衣不下，阴道外部
　　　　　　　　　　　　　　　　　　　分为暗红色

（二）发病原因

（1）产后子宫收缩无力。日粮中钙、镁、磷比例不当，运动不足，消瘦或肥胖，难产后子宫肌过度疲劳以及雌激素不足等，都可导致产后子宫收缩无力。

（2）胎儿胎盘与母体胎盘愈合。子宫或胎膜的炎症，可引起胎儿胎盘与母体胎盘粘连而难以分离，造成胎衣滞留。

（3）与胎盘结构有关。牛的胎盘是结缔组织绒毛膜型胎盘，胎儿胎盘与母体胎盘结合紧密，故易发生。

（4）环境应激反应。分娩时，受到外界环境的干扰而引起应激反应，可抑制子宫肌的正常收缩。

（三）防治方法

1. 预防

（1）饲料中补充矿质元素（硒、钙）和维生素（维生素A、维生素E、胡萝卜素）。

（2）避免用外源性药物如皮质类固醇引产。

（3）舍饲母牛要适当运动，避免喂得太肥，产前1周适当减少精料。

（4）分娩后立即肌内注射缩宫素100万国际单位和静脉注射钙制剂（葡萄糖酸钙或氯化钙）。

2. 治疗

（1）尽早控制感染。青霉素400万～600万国际单位、链霉素300万～400万国际单位、氨基比林40mL、地塞米松25mg，混合后肌内注射，一日2次。

（2）促进子宫收缩。催产素50万～100万国际单位，肌内注射（注射后让牛站立1小时以上，以免造成子宫脱出）。同时，静脉注射10%氯化钠溶液300~500mL或3 000~5 000mL子宫内灌注。

（3）防止胎衣腐败及子宫感染。向子宫黏膜和胎衣之间投放抗生素（土霉素或青霉素等）1~3g，隔日1次，连用1~3次。胃蛋白酶20g、稀盐酸15mL、水300mL，混合后灌注子宫，以促进胎衣的自溶分离。

第四章
牛的中毒病

一、牛瘤胃酸中毒

瘤胃酸中毒,又称酸性消化不良、乳酸酸中毒、急性食滞、瘤胃过食,是指由于采食大量糖类饲料,导致瘤胃内乳酸蓄积而引起全身代谢紊乱的一种疾病。此病以奶牛多发。

(一)临床症状

本病发病急,病程短,常无明显前驱症状,多于采食后3~5小时内死亡。慢性者卧地不起,于分娩后3~5小时瘫痪卧地,头、颈、躯干平卧于地,四肢僵硬,角弓反张,呻吟,磨牙,兴奋,甩头,尔后精神极度沉郁,全身不动,眼睑闭合,呈昏迷状态(图4-1、图4-2)。

(二)发病原因

瘤胃酸中毒多发生于奶牛,原因是突然吃食大量碳水化合物饲料,如牛闯入饲料间,偷食引起,也可能过食甜菜或发酵不全的酸湿酒糟或嫩玉米造成。有时可能为提高产奶量，而过多饲喂谷类饲料及其加工的副产品如生面粉、糖渣、酒糟等而发生。

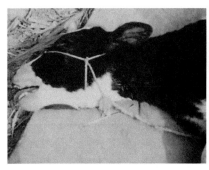

图4-1　病至后期卧地不起，张口呼吸　　图4-2　病牛卧地不起，眼球下陷

（三）防治方法

1. 预防

在牛的日常饲养管理过程中，合理供应精料，增加精料应适量并逐步增加，严禁突然大幅度增加精料。精料使用量大时，可加入缓冲剂（如碳酸氢钠、氧化镁等）。牛群应按不同生理阶段分群饲养，以便及时调整日粮水平，防止精料饲喂量过大。谷实类精料加工过程中，压片或破碎即可，防止粒度过细。此外，日粮中添加一定量的苹果酸，对预防该病也可起到一定效果。本病发病急、病程短，无特效疗法，控制该病应以预防为主。

2. 治疗

（1）冲洗瘤胃，通过胃导管排出瘤胃内液状内容物，然后向瘤胃内反复灌入和导出大量生理盐水，反复冲洗，促使瘤胃中pH值的恢复；也可切开瘤胃，取出瘤胃内容物，彻底冲洗干净。

（2）使用5%碳酸氢钠溶液2～3L，葡萄糖盐水1～2L，静脉注射。

（3）当病牛出现兴奋不安、甩头时，输液时可加入甘露醇或山梨醇250～300mL。

二、酒糟中毒

（一）临床症状

酒糟是酿酒原料的残渣，除含有蛋白质和脂肪外，还有促进食欲、利于消化等作用。新鲜酒糟如不及时使用和密封处理，容易发生酸败和霉变，牛采食后就会发生中毒。

（1）病牛有大量采食酒糟的病史。

（2）病牛精神沉郁，卧地不起，排水样黑色粪便，有的粪便中带少量的血液和黏液；听诊，呼吸和心跳稍快，瘤胃的蠕动音弱且次数少，反刍停止。

（3）运步时共济失调，以后四肢麻痹，倒地不起（图4-3、图4-4）。

图4-3　采食酒糟　　　　图4-4　酒糟中毒的牛倒地不起

（二）发病原因

（1）制酒原料，如谷类中的麦角毒素和麦角胺、发霉原料中的真菌毒素等若存在于用该原料酿酒的酒糟中，都会引起相应的中毒。

（2）酒糟在空气中放置一定时间后，由于醋酸菌的氧化作用，将残存的乙醇氧化成醋酸，则发生酸中毒。

（3）存于酒糟中的乙醇，引起酒精中毒。

（4）酒糟保管不当，发霉腐败，产生真菌毒素，引起中毒。

（三）防治方法

1. 预防

（1）用酒糟喂牛时，要搭配其他饲料，不能超过日粮的30%。用前应加热，使残存于其中的酒精挥发，同时，消灭其中的细菌和真菌。

（2）贮存酒糟时要盖严踩实，防止空气进入，发生酸坏。也可充分晒干保存。

（3）已发酵变酸的酒糟，可拌入适量小苏打，以中和酸性物质，降低毒性。

2. 治疗

（1）换料排毒。立即将霉变酒糟更换成易消化、优质的饲料，对于拉稀症状不明显的病牛可用硫酸钠400g、碳酸氢钠30g、加水4 000mL内服，以加速毒物排出。

（2）修复黏膜。消化道受损病牛，口服盐酸雷尼替丁胶囊。拉血病牛注射止血敏或维生素K$_3$。

（3）强肝解毒、利尿。解毒可用10%葡萄糖注射液1 000mL、氢化可的松250mg、10%葡萄糖酸钙注射液150mL、25%维生素

C注射液50mL，一次静脉注射；利尿可肌内注射速尿10～20mL。

（4）接种瘤胃微生物。胃管导出健康牛瘤胃液1 000～2 000mL，给病牛1次灌服。

三、尿素中毒

（一）临床症状

牛过食尿素后0.5～1小时即可发病。病初表现沉郁、痴呆，继而呈现不安，呻吟，流涎，肌肉震颤，体躯摇晃，步态不稳；反复痉挛，呼吸困难，脉搏每分钟可增至100次以上，从鼻腔和口腔流出泡沫样液体。末期全身痉挛出汗，眼球震颤，肛门松弛，几小时内死亡。因中毒而死亡的牛尸体常极度膨胀，分解、腐败迅速。死亡不久，瘤胃内容物有氨气，pH值高达7.5以上（图4-5）。

图4-5　呼吸困难

（二）发病原因

尿素是动物体内蛋白质分解的最终产物。工业合成尿素含氮量为47％，不仅是一种高效化肥，而且因其1kg尿素相当于2.8kg蛋白质的营养价值。其含氮量相当于7～8kg豆饼，或相当于26～28kg谷物饲料中的蛋白质。因此，利用尿素或铵盐加入日粮中以替代蛋白质来喂牛，已被广泛采用。但在日粮中，尿素配合过多或搅拌不均匀，或在尿素施肥的地区放牧误食，均可造成中毒。

（三）防治方法

1. 预防

严格尿素的保管使用制度，防止牛误食尿素，受雨淋或潮解的停止使用。尿素不宜与大豆、豆饼混合饲喂，以免尿素被破坏。用尿素做饲料添加剂时，严格掌握用量，体重500kg的成年牛，用量100～150g/天。尿素以拌在饲料中喂给为宜，不得化水饮服或单喂，喂后2小时不能饮水。如日粮蛋白质已足够，不宜加喂尿素。犊牛不宜使用尿素。

2. 治疗

最好的方法是大量灌服冷水，并灌服食醋或稀醋酸等弱酸溶液。如1％醋酸500mL；糖250～500g，常水500mL；或食醋1 000～2 000mL，加水1次口服。其目的是降低瘤胃内的pH值，减少尿素分解吸收。当病牛发生急性瘤胃臌胀时，必须立即进行瘤胃穿刺放气，放气的速度不能过快。金霉素按5～10mg/kg体重，静脉注射。停喂可疑饲料，静脉注射10％葡萄糖酸钙溶液300～400mL，同时，应用强心剂、利尿剂、高渗葡萄糖等。

可利用解毒、解痉药物：苯巴比妥10～15mg/kg体重，肌内注射。硫代硫酸钠用量为1.25mg/kg体重，用时以灭菌注射用水配成5％～10％溶液静脉注射。

四、有机磷农药中毒

（一）临床症状

有机磷农药种类较多，其中较常见的有剧毒类的甲拌磷、对硫磷、甲基对硫磷等，中毒类的乐果、敌敌畏，低毒类的杀螟松、敌百虫、马拉硫磷等。

牛有机磷农药中毒是由于接触、吸收或采食被有机磷农药污染的饲料、饲草及饮水所致的一种中毒性疾病。其临床特点是出现胆碱能神经兴奋效应。神经系统症状及消化系统表现为肌肉痉挛（以三角肌、斜方肌及股二头肌最为明显）、结膜发绀、瞳孔缩小、流涎、鼻液增多、出冷汗、四肢末端发凉、肠音强盛（重者减弱）、频频排稀软粪便。严重者卧地不起（图4-6）。

图4-6　肌肉痉挛，卧地不起

（二）发病原因

肉牛有机磷农药中毒主要是由于误食了喷洒过有机磷农药的青草、庄稼和在消灭体表寄生虫及驱赶蚊蝇时，喷洒药物过多或浓度过高所致。

（三）防治方法

（1）经皮肤吸收的，可用肥皂水或0.5％碳酸氢钠冲洗；经消化道吸收的，可用2％～3％碳酸氢钠洗胃并灌服活性炭。若为敌百虫中毒，不能用碱水洗胃和洗皮肤（敌百虫遇碱生成敌敌畏）。

（2）特效解毒药。

①0.5％硫酸阿托品注射液，牛每千克体重0.5mg，以总剂量的1/4做静脉注射，余量做皮下注射或肌内注射，每3～4小时给药1次，直至瞳孔散大为止。

②碘解磷定注射液，每千克体重15～30mg，用葡萄糖或生理盐水配成5％的注射液静脉注射。氯磷啶与阿托品交替使用则效果更好。同时，应用其他一般解毒措施及对症治疗。

五、亚硝酸盐中毒

（一）临床症状

本病通常在大量采食后0.5～4小时内突然发病。尿频是本病的早期症状。初期呼吸增快，以后变为呼吸困难，眼结膜发绀。脉速而弱，血液呈咖啡色或酱油色。精神沉郁，肌肉震颤，站立不稳，步态蹒跚，严重时角弓反张，全身无力，卧地不起。过度流涎，有腹痛。耳、鼻、四肢以及全身发凉，体温不高。常于12～24小时内死亡。

慢性中毒时，出现发育不良，腹泻，跛行，走路强拘，虚弱，受胎率低，流产等（图4-7）。

图4-7　亚硝酸盐中毒

（二）发病原因

许多菜叶中含有硝酸盐，如发生腐烂或堆放发热时，硝酸盐变为亚硝酸盐，牛食后引起中毒；采食含硝酸盐的化肥也易引起中毒；过食含硝酸盐丰富的饲草，经瘤胃微生物作用也可生成亚硝酸盐引起中毒。亚硝酸盐被吸收后，可使血红蛋白变成高铁血红蛋白，临床上呈缺氧综合征。

（三）防治方法

1. 预防

（1）饲料品种多样化。饲喂青绿饲料要新鲜，且品种多样化，合理搭配饲料，要有丰富的糖类饲料，同时，按量供应。

（2）加强饲料保管。对未饲喂完的青绿饲料应摊开，不要堆放。已发热、变质的饲料应废弃，不要再喂。

（3）合理使用肥料。加强对化肥的保管，减少化肥对饲料、饮水的污染，防止误食。

2. 治疗

（1）西药疗法。治疗亚硝酸盐中毒，应用特效解毒剂美蓝或甲苯胺蓝，同时，应用维生素C和高渗葡萄糖。1%美蓝液（美蓝1g，纯酒精10mL，生理盐水90mL），每千克体重0.1～0.2mL，静脉注射；5%甲苯胺蓝液，每千克体重0.1～0.2mL，静脉注射或肌内注射；5%维生素C液60～100mL，静脉注射；50%葡萄糖溶液300～500mL，静脉注射。此外，向瘤胃内投入抗生素和大量饮水，阻止细菌对硝酸盐的还原作用。其他对症疗法可应用泻盐清理胃肠内容物；为纠正休克、兴奋呼吸、强心、利尿解毒，可用25%尼可刹米20mL或10%樟脑磺酸钠20mL，或20%苯甲酸钠咖啡因20～50mL等，皮下注射或肌内注射。

（2）中药疗法。解毒汤：绿豆粉500～750g，甘草末100g，开水冲调，灌服。

六、棉籽饼中毒

（一）临床症状

病牛精神沉郁，食欲减退或废绝。反刍减少或停止，前胃弛缓，肠音增强，发生腹泻，粪便中混有黏液和血液，体温不高，脉搏增数，呼吸加快。排尿频数，往往带痛，排血尿和血红蛋白尿。下颌间隙、颈部、胸腹下及四肢常出现水肿，有的病牛口、鼻出血。病情若进一步发展，病牛视觉障碍，甚至失明。肌肉无力，站立不稳，行走摇摆，或倒地痉挛。心跳加快，脉搏细弱，呼吸极度困难，两侧鼻孔流出黄白色或淡红色细小泡沫样鼻液。孕牛发生流产。胸部听诊有广泛的湿啰音。最终心力衰竭而死亡。

（二）发病原因

棉籽饼中含有棉籽毒和棉籽酚，长期饲喂未脱毒的棉籽饼可引起中毒（图4-8、图4-9）。

图4-8　棉籽

图4-9　棉籽饼

（三）防治方法

1. 预防

（1）限量、限期饲喂棉籽饼，防止一次过食或长期饲喂。饲料必须多样化。在冬季，应适量补充维生素A和钙制剂，每天棉籽饼（粕）的喂量不超过1.5kg。为了避免蓄积中毒，应喂半个月停喂半个月。妊娠母牛要减少喂量，分娩前半个月停喂，3～4月龄犊牛，不宜饲喂。

（2）用棉籽饼做饲料时，要加温到80～85℃并保持4小时以上，弃去上面的漂浮物，冷却后再饲喂。也可将棉籽饼用2%石灰水或0.1%硫酸亚铁溶液浸泡一昼夜，然后用清水洗后再喂。

2. 治疗

西药疗法。

立即停喂棉籽饼，禁喂2～3天，可采取饥饿疗法。中毒初期可用0.05%～0.1%高锰酸钾溶液或2%碳酸氢钠溶液洗胃。清理胃肠后，可用磺胺脒60g，鞣酸蛋白25g，活性炭100g，加水500～1 000mL，1次口服，以利于消炎。

保肝解毒、强心利尿和制止渗出，可用50%葡萄糖溶液300～500mL，20%安钠咖液10～20mL，10%氯化钙溶液100～200mL，静脉注射，每天1～2次。

七、菜籽饼中毒

（一）临床症状

病牛精神沉郁，反应迟钝，瞳孔散大；口腔黏膜发绀，口吐白沫，舐槽，咬牙，空嚼；耳尖及四肢末端发凉，鼻镜干燥或湿润；食欲减退或废绝，反刍停止，瘤胃蠕动音弱或停止，粪便中带有大量的黏液或血液，排尿次数增加，心跳、呼吸频数，较快发生皮下气肿，体温一般正常，严重时卧地不起，呻吟，全身乏力，心力衰竭，最后虚脱而死亡。发生溶血性贫血病例，精神沉郁，黏膜苍白、中度黄疸，心跳、呼吸增数，常发生腹泻、血红蛋白尿。有神经型的病例，视力障碍，甚至失明，昂头，狂躁不安等。本病的特征性症状是胃肠炎、呼吸困难、神经障碍和排尿异常（图4-10）。

（二）发病原因

菜籽饼（粕）营养丰富，但含有芥子苷、芥子酸、芥子碱等有毒成分，尤其是芥子苷，在芥子水解酶的作用下产生挥发性芥子油，它具有强烈的渗透破坏作用，当牛过量采食菜籽饼后可引起中毒，除对消化道黏膜具有刺激作用外，经吸收后可致使微血管扩张，使血容量下降和心率减慢及肝、肾损伤，并产生溶血性贫血。

图4-10　籽饼中毒导致的卧地不起

（三）防治方法

1.预防

菜籽饼（粕）喂量不能多，只能占蛋白质饲料中的一部分。菜籽饼（粕）在饲喂前不能用温水浸泡，因为菜籽饼中含有配糖体黑芥毒和芥毒。用温水浸泡菜籽饼时，配糖体在芥子酶的作用下分解形成有毒物质，如噁唑烷硫酮，它阻碍甲状腺素合成，以致甲状腺肿大。如榨油时菜籽粉加热到100℃左右，使芥子酶失去活性，则不会产生中毒危险。为防止中毒，菜籽饼宜干喂，或将菜籽饼煮过后再饲喂，较为安全。奶牛日饲喂量为1～1.5kg，犊牛和怀孕母牛最好不要饲喂。

菜籽饼（粕）的脱毒方法是用水浸泡法，按饼重的5倍加水浸泡36小时，并换水5次，脱毒率可达90%。

2. 治疗

（1）0.1%高锰酸钾液洗胃。硫酸钠500g，碳酸氢钠60g，鱼石脂10～15g，加温水适量，1次口服。

（2）对溶血型贫血，用20%磷酸二氢钠溶液200～300mL静注，连用3～4天；同时，用硫酸亚铁2～10g配成0.5%～1%溶液口服，连用10天。

（3）粪便干硬时。用液状石蜡500～1 000mL口服；如胃肠黏膜损伤，可用鲜牛奶或豆浆、淀粉、鸡蛋清等口服；如腹泻时，用活性炭100～200g，磺胺脒30～60g，1次口服，每天2次。

（4）毒物已吸收时，应泻血，静脉注射25%葡萄糖溶液或50%葡萄糖溶液2 000～3 000mL，根据脱水程度也可注射生理盐水，以利于排尿。

（5）如有肺水肿，用5%氯化钙溶液100～200mL。或用10%葡萄糖酸钙溶液200～600mL，加10%葡萄糖溶液500mL静注。

（6）如有肺气肿，用硫酸阿托品15～30mL（每毫升含0.5mg）皮下注射，或用盐酸麻黄碱皮下注射。心脏衰弱时可肌注安钠咖或樟脑磺酸钠。

八、甘薯黑斑病中毒

（一）临床症状

根据中毒的程度及中毒后的病程长短，临床上表现为最急性型、急性型和慢性型3种。

1. 最急性型

常无任何临床症状，于采食后2～3小时突然倒地死亡。

2. 急性型

体温正常或偶尔升高，肌肉震颤，患牛站立不愿行走。精神沉郁，食欲废绝，反刍停止，空嚼磨牙，流涎。后期呼吸困难，气喘，头颈伸直，鼻孔开张。重者张口，舌吐出于口外，从口内流出多量泡沫唾液。呼吸音增粗，腹部扇动，似"拉风箱"状。精神不安，表现痛苦状，乳牛产奶量下降。肺部听诊有啰音。心搏加快，每分钟达100次以上，第一、第二心音模糊不清。呼吸急速，背部、颈部等处出现皮下气肿、用手按压有捻发音。眼、口腔及生殖道黏膜发绀。患牛呻吟，多站立不安，不愿卧下，由于严重缺氧，多窒息死亡。瘤胃、肠管蠕动音消失，粪便干硬、呈黑色、并附有黏液或血液。

3. 慢性型

病程较长，主要表现胃肠炎症状。患牛前胃弛缓，反刍减少，食欲降低，排出带有血液或黏液的粪便。

（二）发病原因

甘薯黑斑病中毒是由于牛食入了大量有黑斑病的甘薯（山芋）而引起的。典型症状是严重呼吸困难、急性肺水肿和肺间质气肿，故又称为牛喘气病（图4-11）。

（三）防治方法

1. 预防

加强甘薯的保管工作，防止霉烂；贮藏窖应干燥密闭，晚秋温度控制在11～15℃；饲喂甘薯时，应仔细检查，严禁饲喂有黑斑病甘薯；从甘薯苗床上选剩甘薯时要严格挑选，即使未霉烂的甘薯，也应少量饲喂，严禁集中堆放甘薯场内，让牛自由采食。

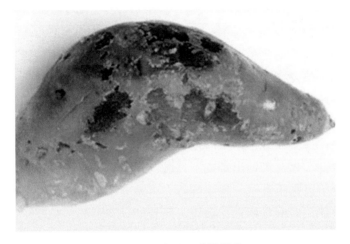

图4-11　有黑斑病的甘薯

2.治疗

立即停喂甘薯，对未发病而又同样喂甘薯的牛，也应按治疗剂量救治，才能主动有效地控制中毒的发展。

治疗原则是解毒、排毒、保肝及解除呼吸困难，防止缺氧窒息。

（1）硫酸镁或硫酸钠500～1 000g，配成7％的溶液，一次灌服，以排出体内的病薯。

（2）0.1％高锰酸钾液或1％双氧水2 000～3 000mL，一次灌服，以解除病薯毒素。

（3）5％葡萄糖生理盐水1 000～2 000mL，5％维生素C液40～60mL，静注，每天2～3次；也可用10％硫代硫酸钠溶液

100～150mL，1％硫酸阿托品2～3mL，一次静脉注射，以解除毒素。

（4）静脉放血1 000～2 000mL。同时，每隔3～4小时静注5％葡萄糖生理盐水注射液1 000～2 000mL，25％葡萄糖注射液500mL，10％安钠咖液20mL及40％乌洛托品注射液50mL。以缓解肺水肿，解除呼吸困难。

（5）3％双氧水40～100mL加入10％葡萄糖溶液500～1 000mL，缓慢静注，每天1～2次，直至气喘、可视黏膜发绀消失，或显著缓解后停药。

九、犊牛水中毒

（一）临床症状

犊牛大量暴饮水后，瘤胃迅速膨大，经过1小时左右，最早的只有15分钟，即见排出红色尿液。轻症犊牛，只是精神较差，粪便变稀，排1次或几次红色尿液后即好转（图4-12）。

图4-12　饮水

有的患犊牛瘤胃臌胀时，表现精神紧张，呼吸困难，出汗，口吐白沫，从一侧鼻孔流出少量红色混有泡沫的液体，伸腰，回头观腹，后肢踢腹，排出少量稀粪，频频排出红色尿液，以后可逐渐变深变浓，呈咖啡色。病重者，出现突然卧地或起卧不安、颤栗、共济失调，阵发性或强直性痉挛，甚至昏迷等神经症状，有的可能很快死亡。患牛体温正常或偏低。

（二）发病原因

犊牛口渴时饮大量的水，引起的阵发性血红蛋白尿称水中毒，也称犊牛血红蛋白尿症或阵发性血红蛋白尿。多发生于8月龄以下犊牛，特别是断奶前后和哺乳期增喂精料时。

（三）防治方法

1. 预防

主要是防止暴饮，在炎热的夏天，要备足清水，让犊牛自由饮喝或多次少量给水，最好让其饮用0.45%食盐水，但每头犊牛每天盐用量不得超过50g。断奶前后增添精料后，要注意犊牛饮水的次数和均衡性。

2. 治疗

50%葡萄糖溶液250～500mL，10%安钠咖注射液10mL，静脉注射。必要时在12小时左右重复用1次。发病较重的犊牛，具有神经症状，可用镇静药物。

参考文献

陈怀涛. 2010. 牛羊病诊治彩色图谱[M]. 北京：中国农业出版社.

刘长松. 2006. 奶牛疾病诊疗大全[M]. 北京：中国农业出版社.

刘永明，赵四喜. 2015. 牛病临床诊疗技术与典型医案[M]. 北京：化学工业出版社.

刘钟杰，许剑琴. 2012. 中兽医学[M]. 北京：中国农业出版社.

罗超应. 2008. 牛病中西医结合治疗[M]. 北京：金盾出版社.

石玉祥. 2017. 牛病诊治关键技术一点通[M]. 石家庄：河北科学技术出版社.

赵树臣. 2018. 牛病诊治实用技术[M]. 北京：中国科学技术出版社.